享受咖啡

Enjoy Coffee
Enjoy Life

中国轻工业出版社

黄家和太平绅士
香港咖啡红茶协会主席

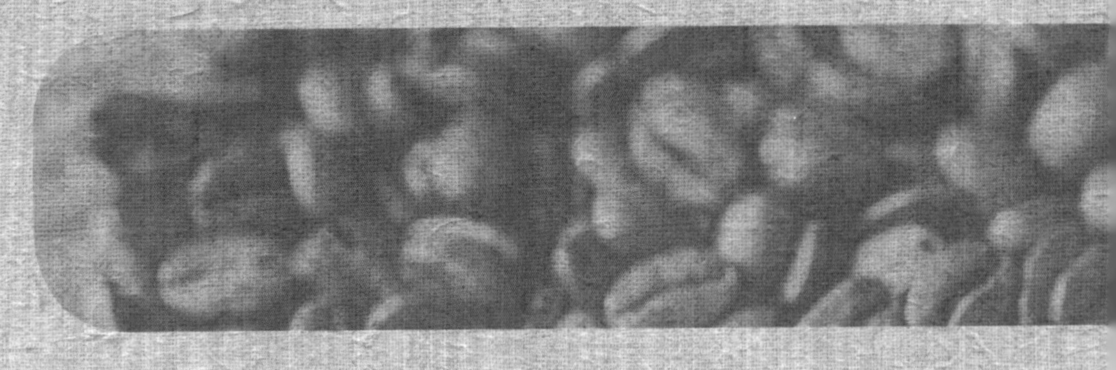

冠桦（黄浩辉）贤弟日前来电说他写有关咖啡的书大致已完成，希望我能为他写序文。对他能完成该书，内心欣喜之余，更感冠桦贤弟这些年来身体抱恙，仍能坚持完成这本书，我对冠桦贤弟的坚强意志及毅力深感佩服，于是欣然答应为他的新书作序。

家父黄桥，弟妹众多，都从事食品行业，尤以咖啡为主体。四叔纯博，即冠桦贤弟先父，早于 1929 年创办“荣阳咖啡”，比家父于1932年创立“捷荣办馆”还早上三年，七叔蔼初、十叔伯壮、十三叔威林等更先后开设“兰香室”、“兰香阁”、“荣芳”等茶餐厅，开创香港饮食业先河，后来家父及叔辈的后人亦有不少继承了父业，又或自行创业，但都与咖啡或饮食行业有关，在这样“咖啡氛围”的影响下，家族成员自然对“咖啡”产生了感情，而从事了这行业。

冠桦贤弟也于此环境下成长，正如他在文中所说，我们孩提时的玩物是一包一包的咖啡豆，我们就在“咖啡山”中攀高爬低磨炼出坚强的意志，对我们日后的成长奠下了基础。

咖啡外表看来是一杯饮品，一般人都不会对其深究，但从事咖啡行业的我们，却需对咖啡做出不同的探索钻研，以提升这个行业的素质。我阅后冠桦贤弟的文稿，才知他对咖啡做了长时间的研究，对咖啡常识及学问认识深刻，从一颗咖啡种子，到制成一杯香浓咖啡的过程，巨细无遗地展现了出来！这书的内容丰富，除能让咖啡爱好者加深对咖啡的认识外，更能让从事咖啡行业的人士作为一本进修的参考书籍，实在对咖啡行业作了无比的贡献，值得肯定及予以表扬！

借此，我祝愿冠桦贤弟身体早日康复，愿与贤弟多交流咖啡心得，闲来聚聚，喝口咖啡，享受人生，乐事也！

凯米（Kammie）

咖啡黄（黄浩辉）爱徒

Enjoy Coffee　Enjoy Life

咖啡可从视觉、味觉、嗅觉感受到，再由学习、训练令自身的触觉变得更加敏锐，以我为例，几年前对咖啡还只是半吊子的我，在身边几位良师的带领下，令我现在可以真正享受一杯咖啡的乐趣，其中一位我要感谢的，就是本书作者——黄先生，荣阳咖啡公司的老板。

说起黄老师，他教导我的不单单是咖啡方面的知识，还有他对咖啡的坚持，他的执着，他对工作的投入，他的不藏私，令我体会到：享受咖啡最简单的方法，就是从品尝开始。

算算认识黄老师已有六七年了。当时，我们是在我工作的咖啡店中认识的，他认真地指导我几个冲煮咖啡的重点，那次之后，我们一直保持联系，前辈也一直从旁支持及指导我，要知道那时候，香港的咖啡门槛很高，想想谁会不收分文地教导我关于烘焙咖啡的知识呢？甚至让我走进他的烘豆工场"打混"！参观整个烘豆过程，更不时带我外出让我多吸取经验，和增加知名度。

小至一杯 espresso（意式浓缩咖啡），大至一麻袋生豆，他都让我感受到制作者的心思及坚持。

咖啡，从来不是一件简单的事。从怎样选豆，用哪种形式烘焙，到怎样冲煮等，每一个步骤，都应该郑重其事地被看待。相信读者可从这本书的描述中感受到黄老师对咖啡的忠实，通过书中个性化的文字，让大家享受咖啡的乐趣。

我的读后感？更期待下一次跟师父一起喝咖啡。

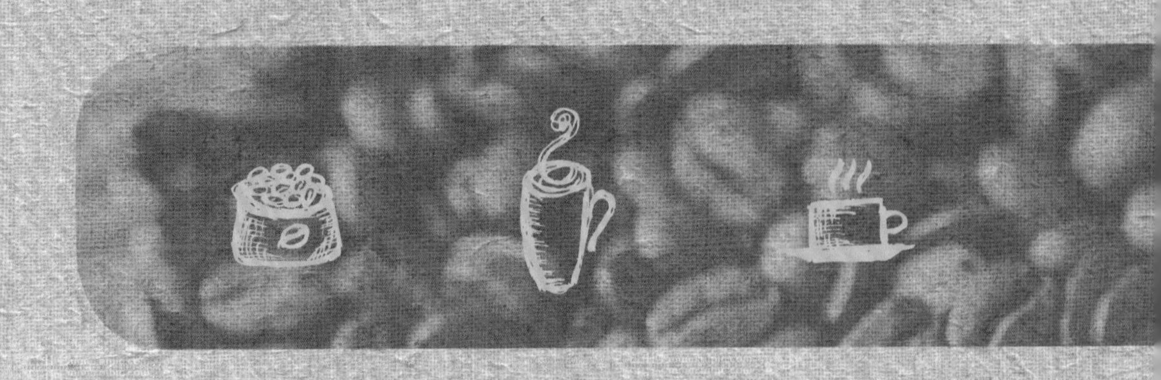

咖啡黄

（黄浩辉）

自序

Enjoy Coffee　Enjoy Life

这本书特别要送给我太太爱丽丝和我们可爱的女儿尼科尔。

没有太太的鼓励及她的启发，那些有趣灵感也不会出现，爱丽丝每天都会喝咖啡。在我与癌症对抗的5年里，我真的很感谢太太的支持和鼓励，没有她，相信我不会一次又一次地站起来，更不要说可以完成这本书。

女儿尼科尔从幼儿园开始，便一直对老师说她是咖啡公主，爸爸是咖啡大王，妈妈是咖啡皇后，这情况一直维持到她小学三四年级。

尼科尔在两岁时已经开始喝咖啡，在每个星期天当我喝咖啡的时候，她便会走过来嘟起小嘴，让我用小羹匙盛咖啡给她喝，通常她喝了五羹匙便会满足地跑开去玩她的玩具。我也很奇怪她竟然不怕苦味，因为我喝的是黑咖啡。到她长大了，我也有问过她为什么不怕苦，她回答说是有我的遗传，女儿从小时候开始便是我的粉丝。当她知道我要写书，一直催促我要快快将书写好。

一直以来，我都希望可以将过往十多年来所学到的咖啡知识，写下来与所有咖啡爱好者一同分享，曾经在多个场合说过："我热爱咖啡，我热爱工作。"因为是家族生意的关系，十来岁的时候，在暑假期间会到店铺帮忙，由于焙豆工场也在店铺内，有时候我会爬上那一袋袋的生咖啡豆上和猫儿玩，有时也会不知不觉地睡着了，所以我可以说是"睡在咖啡豆上长大"的。

令我想不到的，这篇"自序"是在化疗病房的病床上完成的。由2007年开始，5年内三次癌症病发，才察觉到有些事情是想要做时便争取去做。我相信购买这本书的朋友都会是咖啡的爱好者，喜欢喝咖啡的朋友，大家一齐来享受咖啡吧！

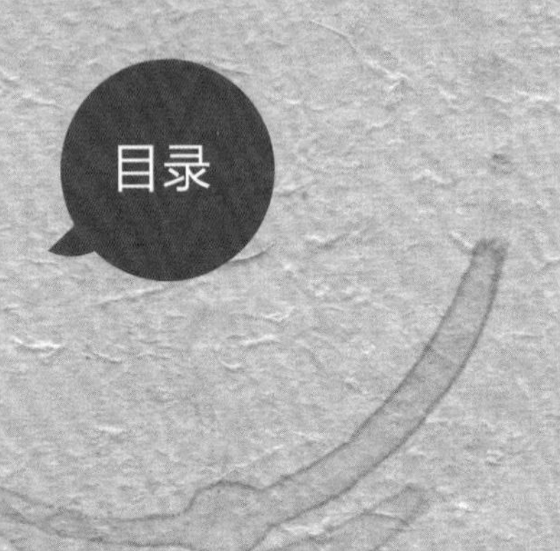

目录

咖啡 · 基本篇

咖啡 · 艺术篇

咖啡 · 进阶篇

咖啡 · 咏叹篇

Coffee Jibenpian

咖啡·基本篇

带你走进咖啡黄的咖啡王国。
先认识煮制咖啡的方法、器皿、温度，
再学习研磨咖啡豆、烘焙咖啡豆……
烘焙咖啡豆是一门深奥的学问，一位出色的烘焙师，并不能只懂得烘焙高品质的咖啡豆，也不能只懂得将生豆烘焙成为熟豆；咖啡黄认为烘焙师也要拥有敏锐的嗅觉，可以将低等级的咖啡豆子变成可口均匀的拼配咖啡，更可以令高品质的豆子在烘焙技术上发挥得更淋漓尽致，让人喝后回味无穷。

冲煮咖啡的方法和器皿

Coffee Makers and Machines

我常常对那些喜爱咖啡的朋友说，作为一个精明消费者，必须要知道想购买的产品是否物有所值，否则即便买了一台咖啡机或咖啡壶可能也冲煮不出一杯令自己心情畅快的好咖啡。其实一般产品资料都会在产品规格内列明，在购买前不妨先向售货员索取阅读。最后请谨记，买了一台好的咖啡机或咖啡壶，必须用心去煮制，否则也煮不出好咖啡的。

喜爱咖啡的朋友，除了会外出喝咖啡外，还会在家中享受冲煮咖啡的过程。在家中冲煮咖啡的朋友可能会由最简单的“滴滤式”（coffee dripping）方法，到使用“法式滤压咖啡壶”（French press），或再用到“蒸汽压力过滤式咖啡壶”（steam pressure percolator），或其他更多的冲煮方式。但是喜欢流连咖啡店的朋友，总觉得家中弄那杯咖啡尚欠缺一些东西，就是压力咖啡机所造出来的“霜”，也就是在咖啡表面上的那一层像意大利云石又像琥珀纹的香浓咖啡油。

Cofee Filter

过滤式咖啡漏斗

一般最常见的滴滤式咖啡是过滤式咖啡漏斗，而这些咖啡漏斗的设计，都是需要使用滤纸去冲泡咖啡，滤纸有白色及黄色两种，颜色的区别在于是否经过漂白处理，白色的滤纸在冲制咖啡时会带有轻微的酸味，用于冲制一些普通咖啡倒无所谓，但如果冲制一些比较高品质的咖啡，还是用黄色的滤纸吧。

如果用手冲式的滴滤咖啡，最好只做一至两杯，因为太多会比较难控制。这种冲泡咖啡方法是手工倒入热水，热水的温度约90℃，冲制一杯咖啡的咖啡粉分量为9～12克，两杯为15～20克，可以根据个人的口味而做出增减调整。当热水烧开后，熄火拿开热水壶，等候一两分钟便可以了；也可以用温度计去量水温，千万不要使用100℃的滚水。

首先在咖啡漏斗上放上滤纸，将适量咖啡粉倒进咖啡漏斗内，这时千万不要马上倒入热水，应该先用羹匙将咖啡粉向咖啡滤杯两旁轻轻拍实，作用是缩小咖啡与空气之间的空隙，有预湿的功能。

由于一般的过滤式咖啡漏斗的盛水位比较浅，所以在倒入热水时，要小心看着热水倒进咖啡时在咖啡漏斗中膨胀的情况。当第一次倒进热水时，要使用循环的方式沿着咖啡漏斗内咖啡粉的边缘慢慢地将热水倒下去，这样咖啡粉便不会一下子全部浮起来，当咖啡开始向上膨胀时，便要停止浇水。当水位向下沉，咖啡粉湿润后，便可以继续在咖啡漏斗内同一方向循环浇水直至所需要饮用的咖啡分量，咖啡水位完全向下沉后拿开咖啡漏斗，便可以享受你亲手冲制的美味咖啡了。

Electrical Coffee Filter Machine

电动过滤式咖啡机

另外一种大同小异的方式是使用“电动过滤式咖啡机”，这是一种更容易冲泡咖啡的方法。将需要饮用的适量咖啡粉放在过滤纸上，依过滤器的斜度用量匙将咖啡粉轻轻拍实，启动开关即可。现在市面上售卖的电动过滤式咖啡机，一般可煮制最少1人饮用最多8人饮用的咖啡，在8人饮用时最好使用40～50克咖啡粉。选购这一款咖啡机时，最好选一些有预湿功能的，就是在按启动键后咖啡机内会先洒热水3～5秒，然后才正式放出热水制作咖啡，这样冲泡出来的咖啡味道和效果会更好。

French Press

法式 滤压咖啡壶

在家里冲制咖啡，觉得比较方便或认为冲制出来咖啡味道比较好的，普遍都会采用“法式滤压咖啡壶”。这个咖啡壶是由法国人发明的，但在亚洲地区被广泛应用于冲泡红茶。

用法式滤压咖啡壶冲制咖啡，最好是使用中至中深度烘焙的咖啡豆，用浅度烘焙的咖啡豆冲制咖啡，味道可能会太淡。不要使用太细研磨度的咖啡粉，否则咖啡粉会经过滤网渗漏出来。

我看到有很多朋友在使用这种咖啡壶冲泡咖啡时，冲出来的味道都不太好，他们往往在加进了咖啡粉后，便将热水全都倒入了咖啡壶内，等几分钟后，将咖啡壶的滤网向下压，便当是完成了整个过程。其实比较好的方法，是先将适量咖啡粉倒进咖啡壶内，再注入少量热水，热水的分量是刚好盖过了咖啡粉约半厘米，这时候将咖啡壶的滤网向下压至热水的表面，约1分钟后再将热水倒进咖啡壶内，两三分钟后，将滤网向上拉，并再次向下压至咖啡粉表面，便可以将上面抽取出的咖啡倒进杯子里。大家不妨试试这方法，看看所冲制的咖啡效果如何。

注:

同用过滤式咖啡漏斗冲泡一样，一个人的分量可以是9～12克，两个人的分量可以是15～20克，而三个人的分量可以是25～30克。

蒸汽压力过滤式咖啡壶

Steam Pressure Percolator

除了用过滤式方法或使用法式手动加压咖啡壶冲制咖啡外，现在在家里比较方便和普遍使用的，是“蒸汽压力过滤式咖啡壶”。在压力咖啡机没有面世之前，这款蒸汽压力过滤式咖啡壶是用来煮制espresso（意式浓缩咖啡）的唯一器皿，但不知从何时开始，这款咖啡壶又被称为“摩卡壶”（mocha coffee maker）。

蒸汽压力过滤式咖啡壶源自意大利，是一个分为三部分的特制咖啡壶，有用不锈钢或锑金属制造的，并有不同的外观设计形状。它的最底部分用来盛水，中间的部分有一个网状的盛载咖啡粉过滤器，顶层用作盛载已经冲泡好的咖啡。严格来说，不锈钢的较好，因为不易变形。现在市面上也有电动的蒸汽压力过滤式咖啡壶，比传统的更加方便，让喜爱咖啡的朋友更容易去煮制咖啡。

使用蒸汽压力过滤式咖啡壶煮制咖啡，不可以用研磨太细的咖啡粉，因为咖啡粉可能会通过盛载咖啡粉过滤器掉进水里，或在沸水向上升时，小部分的咖啡粉也一起向上升而流入咖啡壶内。另外，要注意这款意大利制造的咖啡壶所注明的分量是1人、2人、3人、4人、6人或甚至更多，其所指的1人即意大利小杯40～50毫升的咖啡分量。

“蒸汽压力过滤式咖啡壶”的使用方法：

1 先将冷水倒入盛水器内，要注意的是在这部分的外边有一个像“螺丝”样子的东西，它是一个透气阀，当水倒进盛水器时，水位不要超越透气阀，否则当水的温度上升时，水蒸气便会在透气阀排放而可能导致烫伤。

2 将盛粉器放回盛水器内。

3 在盛粉器中加入适量的咖啡粉，一杯分量约10克，两杯约15克，记着要预留2~4毫米的空间让咖啡粉在咖啡壶内膨胀。

4 使用压粉器（coffee tamper）或羹匙轻轻拍实咖啡粉。

5 用手或干净的布将在盛粉器边的咖啡粉抹掉，同时还要清洁在咖啡壶顶层底部的胶皮圈(gasket)，以免在制作咖啡时，因为有咖啡粉微粒的存在而出现漏气或漏水的现象。

6 将咖啡壶顶层和下层重新扭上并扭紧，把咖啡壶放在煤气炉或电炉上以中慢火煮制。

7 当水开始煮沸，热水的温度达到约82℃时，沸水开始产生强大的蒸汽压力，使沸水从下层透过盛粉器，进入顶层的管道然后流入咖啡杯内。

8 一般煮制过程6~8分钟，视所煮制咖啡的分量和咖啡粉的研磨度而定。

9 当咖啡缓缓地流入咖啡壶时，最后会听到一些喷气的声响，这时候便要将咖啡壶从煮炉上拿开，否则咖啡壶继续受热，很容易损坏胶皮圈，而产生异味。

用冷水煮制咖啡的好处，是水慢慢地加热时产生的蒸汽会让咖啡粉完全湿透；如果是使用热水煮制，沸水会迅速地通过咖啡粉，这样咖啡味道便不会持久，而且香气的醇厚也会大打折扣。

Syphon Coffee Maker

虹吸壶

“虹吸壶”也是越来越多的朋友喜欢在家里煮制咖啡的另一款器皿，相信最主要的原因是在煮制咖啡过程中，视觉上的欣赏观感比较强烈，而且近距离所产生的浓郁馥香咖啡味也特别吸引人。

虹吸壶最早期是在欧洲采用，而近数十年来则由亚洲人发扬光大。虹吸壶是采用可受高温的玻璃制造而成，分为五个部分：

1 盛水烧瓶

2 弹簧滤网

3

咖啡漏壶

4

连着盛水烧瓶的支架

5

酒精灯

在安全的大前提下，首先必须要检查支架与盛水烧瓶是否接牢，然后将弹簧滤网的链扣和咖啡漏斗扣紧连接在一起，将冷水注入盛水烧瓶内，再将咖啡漏壶和盛水烧瓶接上。

1 做法是首先将适量的咖啡粉放入上方的咖啡漏壶内，用羹匙或压粉器轻轻地将咖啡粉拍实。

2 使用虹吸壶煮制咖啡，我的经验是使用冷水可达最佳效果，这样可以让酒精灯慢慢地加热，令蒸汽向上升的时候咖啡粉有预湿的效果，咖啡味道便会更持久及浓郁。

3 将酒精注入酒精灯内，点火并放在盛水烧瓶下面，当热水完全向上升后，用长匙或搅拌棒在玻璃咖啡漏壶内以单一顺时针或逆时针方向轻轻地搅动咖啡，切记不要拍打咖啡粉，务求令每一粒咖啡粉微粒都浸泡在水里而挥发出咖啡味道。

4 当盛水烧瓶内的水完全上升到上方的咖啡漏壶内后，暂时不要熄灭酒精灯，让咖啡继续在上方的咖啡漏壶内滚动。这时候仍然要不停地用长匙或搅拌棒在咖啡漏壶内搅动咖啡，约45 秒后可以熄掉酒精灯，但仍然需要用长匙或搅拌棒在咖啡漏壶内轻轻地不停搅动咖啡。上方咖啡漏壶内的咖啡会迅速向下降，直至全部流入下方的盛水烧瓶内。此时可慢慢地将咖啡漏壶和盛水烧瓶分开，将咖啡倒进杯子便可饮用。

5 如果能成功地煮制好一壶咖啡，咖啡渣滓在咖啡漏壶内会呈现出一个大蘑菇的形状。

如喜欢喝咖啡味道浓烈一些的朋友，我建议使用中度研磨（medium grind）或粗细度如细砂糖般的中细度研磨（medium fine grind）的咖啡粉去煮制虹吸壶式的咖啡。一般来说，很多朋友都会使用粗研磨度的咖啡粉，因为认为在煮制过程中，咖啡在水里浸润的时间较长；也有朋友认为不用将咖啡粉拍实，因为作用不大。

也有不少朋友会先在盛水烧瓶内注入热水，再使用可燃气体去燃烧，认为这样可以缩短时间；有些专家更认为待盛水烧瓶内的热水滚起来再将咖啡漏壶连接上比较省时间。其实这样的做法非常危险，因为盛水烧瓶内的蒸汽压力会向上冲，令咖啡粉和热水四溅而伤到人。

此外，现在还有电虹吸壶，煮制咖啡更方便，整个咖啡煮制过程只需5分钟。2011年我参加香港美食博览会，在尊贵美食区内限制不可使用明火，结果电虹吸壶便派上用场。那些怕用明火煮制咖啡的朋友，可以考虑使用电虹吸壶。至于使用哪个方法去煮制虹吸壶式咖啡，相信要由读者自己选择了。

比利时
虹吸壶

Belgium Syphon

这一款虹吸壶在近几年忽然间流行起来，相信要多谢一部美国影片《The Bucket List》(《遗愿清单》)。影片内影帝杰克·尼科尔森指明要用这一款虹吸壶才可以煮制出全世界味道最好的猫屎咖啡。我在香港的咖啡公司也曾出售多个这款“比利时虹吸壶”给从美国来香港游玩的旅客。

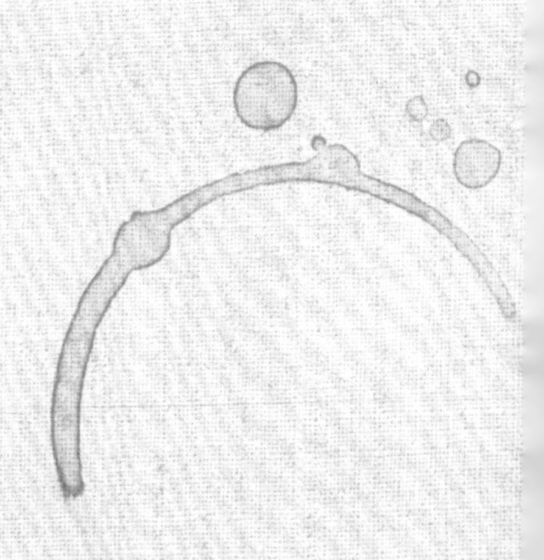

比利时虹吸壶跟一般的虹吸壶功能一样，只不过这一款虹吸壶搅动时间比较短；它是先以抽真空的模式将开水从金属储水器吸到放咖啡粉的玻璃瓶子内，这时候要快速地搅动咖啡，当水温在金属储水器内升温至一定的热度时，煮制好的咖啡会从玻璃瓶子自动吸回金属储水器内。当玻璃瓶内的咖啡完全被吸回金属储水器时，只要轻轻扭松金属储水器顶部的注水塞，将杯子放在金属储水器的水龙头下，扭开水龙头便可以有一杯美味的咖啡了。比利时虹吸壶的另外一个特点便是那个金属储水器，它的保温性好。

各位在购买比利时虹吸壶后，最好仔细阅读产品的操作说明，然后再开始去煮制咖啡。

土耳其咖啡

Ibrik

咖啡爱好者都知道，咖啡于15世纪在土耳其发扬光大后才传入欧洲其他地区的，土耳其的咖啡受到很多热爱咖啡人士的追捧。煮制土耳其咖啡的器具叫“ibrik”，土耳其语是锅的意思，这是一个约15厘米高、有长柄的煮制咖啡器具。土耳其ibrik有不同的容量，传统的每次可以煮制1～4小杯的分量。

土耳其咖啡最著名的是它的浓和醇，煮制方法也有多种。我十多年前在欧洲学习咖啡时，曾见过可能是一款最传统的煮制土耳其咖啡的方法，整个煮制过程接近15分钟。

方法是先将约5克、曾经煮制过的咖啡粉放入ibrik内，加进很少的冷水，用慢火加热。当咖啡粉起泡后，放进4滴橄榄油和少量透明的糖霜（frost sugar），停火后冷却四五分钟，再加入新鲜即磨（极细研磨度）深度烘焙咖啡粉，这一次将冷水倒入靠近ibrik的壶口边，水与壶口边要有四五毫米的距离，仍然用慢火加热，小心不要让咖啡在加热时溢出来。停火后，再次冷却四五分钟，重复再次用慢火加热。当第二次咖啡加热停火后，便可以连咖啡粉一起倒进杯子里，千万不要用匙或搅拌棒去搅动咖啡。

喝土耳其咖啡请勿加牛奶，否则会闹出笑话。喝完咖啡后，嘴唇会沾上一些咖啡渣。

由于很多土耳其人都留有长胡子，他们都喜欢在喝咖啡后用梳子去整理胡子，然后看咖啡粉跌落并散布在台上的图案来预测那天的运程；另外，很多人都知道的，就是看咖啡粉在杯底里的图案做占卜。

曾经有位本地著名餐厅的经理煮制土耳其咖啡，客人向他投诉“为什么喝咖啡后嘴巴内没有泥（咖啡渣）呢?”那位经理后来告诉我，是一位咖啡公司的老板教他用虹吸壶去煮制土耳其咖啡，而不是用ibrik，这正是学艺不精，闹出的笑话。

土耳其实在有太多的村落，所以有很多不同的煮制土耳其咖啡的方法，曾经有外国好友告诉我，他们喝过有加肉桂（cinnamon）和胡椒粉（pepper）的土耳其咖啡。

压力咖啡机

Espresso Machine

一般来说，除非是超级咖啡迷，又或者是因为工作上的需要而在家中设置专业用咖啡机，否则在家里很难煮制出跟咖啡店一模一样的咖啡。不过，现在市面上家用压力咖啡机也越来越多，大部分朋友在挑选时都会受咖啡机的外观或售价影响。如果是在商场选购，更会因为没有专业人员介绍，而可能做出错误的选择，花费了一些不必要的金钱。

基本上选择咖啡机是以规格（specification）为第一大前提，当然，售价也是考虑的一部分。以小型全自动咖啡机为例，精明的读者应该知道：煮制咖啡的上落压粉装置设备（piston motor）结构，是属于塑料还是金属、水箱的大小及磨刀的直径和厚薄、咖啡机的清洁程序、煮制咖啡时压力的指数等。要知道小型咖啡机的压力指数是以磁力震动泵去计算煮制咖啡时的压力的，而不是像大型商用咖啡机以来水压力经过大型水泵调节后去计算的。一般小型机的压力指数都是约1500千帕。选购压力咖啡机的朋友必须要谨记这两个要点：

1. 咖啡机热水的起动方式。
2. 蒸汽锅炉的体积。

有些咖啡机是采用“直热水式”设计加热的，原理跟普通电热水炉一样，用去多少热水便会自动补充多少冷水，咖啡机的蒸汽锅炉会因为未能即时加热，使所煮制出来的咖啡效果欠佳，甚至连打奶泡的蒸汽也起动不了。

因此要选购采用“回水式”设计的咖啡机，即是蒸汽锅炉内设有“热力交流管”(heat exchange)，冷水会从不同位置分开进入蒸汽锅炉和“热力交流管”，咖啡机便可以源源不断地煮制适合温度的热咖啡，更不会影响蒸汽锅炉内的蒸汽去制造泡沫咖啡或奶泡咖啡。此外，由于在亚洲区饮用泡沫咖啡或奶泡咖啡比较多，蒸汽锅炉的体积越大，所产生的蒸汽越加稳定，煮制出来的咖啡温度和泡沫咖啡或奶泡咖啡的质量有非常稳定的效果。

现在越来越多的朋友喜欢在家里使用小型半自动咖啡机，因为他们认为要享受制造咖啡的每一个程序，从磨豆的过程开始，研磨度粗磨或细磨皆由自己掌握，用压粉器轻压咖啡粉后，然后将咖啡盛粉器放在咖啡机上，再看着那金黄色的咖啡慢慢地流进杯子内。这种感觉跟使用全自动咖啡机又不相同。

在这里我也想说一说小型咖啡机打奶泡的问题。很多朋友常抱怨咖啡机打不出绵绵的奶泡，还有咖啡机在煮制咖啡的时候或用蒸汽棒打奶泡有“气”。要解决上述问题请记住下列各点：

1. 咖啡机在关机时应该将蒸汽放掉，以免蒸汽锅炉内仍然留存着蒸汽，因此产生假起动。

2. 如果咖啡机是单锅炉式设计，又不是“热力交流管”的结构，在刚煮制完咖啡后，最好等2～3分钟再打奶泡。

3. 出现“气”的问题，大多数的原因是咖啡机有假起动的情况出现，只要将蒸汽放掉，等一会儿咖啡机便会恢复状态。

顺便提一下，由于盛粉器的设计和限制，压力咖啡机所煮制出来的咖啡，每一杯只可以使用约7克的咖啡粉。压粉的最基本原理是将咖啡粉和空气之间的密度降低，不需要用力压粉，只需轻轻向下按压一下便可以。

大家都知道，冲煮一杯咖啡的咖啡粉分量是7～10克。因为口味的不同，有些朋友可能会多放一些咖啡粉，而一般在市面上的零售包装多是200克装，可以冲煮20～28杯咖啡，成本算是很低了。

对我来说，喝咖啡是一种享受，还可以和朋友一起分享心得。而且咖啡是喝进自己身体内的，更加不应该令身体受到不必要的折磨和有不畅快的感觉。

家用式压力咖啡机

旧式压力咖啡机

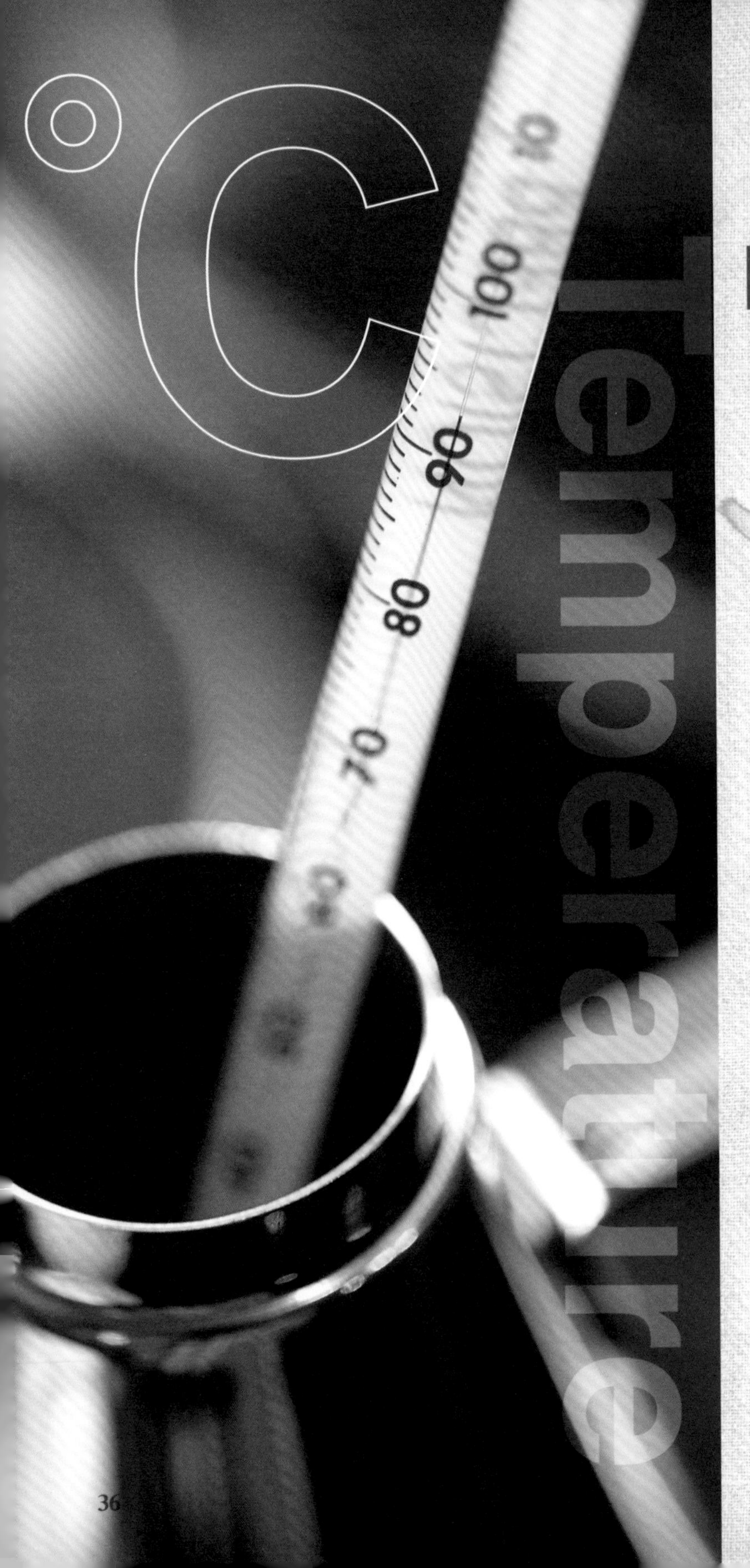

咖啡的温度

煮制和喝咖啡的温度

Temperature

现在很多朋友都喜欢在家中煮制咖啡，尤其是与好朋友共聚的时候更会一同分享其中心得。但是在家里怎样才可以煮制一杯美味香浓的咖啡呢？

要知道一杯咖啡中的水分差不多占百分之九十八，所以水在这里是一个很重要元素。很多朋友用蒸馏水或纯净水去煮制咖啡，他们觉得这些没有杂质的水更能体现出咖啡的真正味道，而且一定会比自来水好。然而，真正懂得咖啡的朋友们都知道无论用蒸馏水或纯净水去煮制咖啡，那杯咖啡都不会有生命，欧洲人叫那些水做死水，因为淡而无味就像是在喝空气一样。

有些朋友在煮制咖啡时误解了要用沸水（水温100℃），其实煮制咖啡的温度最好是86℃~94℃，这里是指水与咖啡粉接触点的温度，因为沸水只会破坏咖啡的原味，它会使咖啡释放出苦味物质和过量碱性物甚至有过量的单宁酸。在煮制咖啡过程中，水和咖啡的接触只是两三分钟甚至更短的时间，还要看那些豆子的研磨度和所使用煮制咖啡的器皿，所以不要将咖啡浸在热水内太长时间，尤其是细磨的咖啡，因为越是细磨的咖啡粉，越会加速咖啡在水中的接触范围，这样会将咖啡的味道挥发掉。

有些朋友可以喝或吃很烫的东西，所以他们会认为那杯咖啡的温度不够，其实人体正常体温只是约为36.8℃，过高温度的咖啡会令身体受损，尤其是食道。一般而言，可饮用的咖啡温度是在68℃~78℃。咖啡加上热牛奶或冻牛奶后也不一样，咖啡加上热牛奶并不会破坏咖啡的结构和口感，反之，将冻牛奶加进热咖啡内，那杯咖啡应该有的口感肯定被破坏了。

磨咖啡豆的**器具**

在家里研磨咖啡豆，首先要有合适的研磨器具，例如用手动式磨豆器，或电动研磨机，后者有“磨碟式”或“刀片式”两种。

磨碟式电研磨机

这款电研磨机的原理是用上、下两片有磨牙的齿轮（磨碟），将咖啡豆放在中间转动研磨，咖啡豆受到挤压并磨成粉状，效果比较均匀，还可以将咖啡豆研磨成粉末状。这类型的磨豆机最适合做espresso。其实，这款电研磨机的原理跟我们中国人以前用的石磨原理是一样的。

磨碟式电研磨机基本的规格是取决于磨牙齿轮的厚度和直径，越厚的磨碟磨出的咖啡越细。现在市面上可以购买到的家用磨碟式电研磨机，磨碟有采用不锈钢（stainless steel）或陶瓷（ceramic）材料制造的，当然用不锈钢的材质研磨出来的咖啡更加细小。另外，在看规格说明时，也要看清楚研磨机的马达匹数的大小。如果读者不明白，可以看马达每分钟的转速（rpm），原则是马达每分钟的转速越大，研磨机的磨豆力量也越大。

刀片式
电研磨机

刀片式电研磨机是以螺旋桨式的刀片转动来将咖啡豆磨碎，只能够将咖啡豆切开成为片状，并且是不规则的碎片。很多时候研磨完毕后会发现在刀片口的周边留有很多细粉末，但在刀片的中心点却留有大块的咖啡颗粒。

将咖啡豆切割成碎片状，比较适合用于中度烘焙的咖啡豆，所以如果要咖啡粉有细磨的效果，可能需要重复研磨多次。需要注意的是，因为重复研磨的关系，咖啡粉在研磨过程中产生的热度，可能会令咖啡的味道挥发掉或产生焦味。

我近日找朋友借刀片式的研磨机拍照，才发觉到爱好咖啡的朋友比以前都升了级，他们大多数在家中的磨豆机都是“磨碟式”的，都多年没有使用刀片式研磨机了。有些朋友更告诉我，他们家里的磨豆机已换成商业用途的专业磨豆机了。

手动式
磨豆器

有很多朋友都喜欢使用手动的磨豆器，但又觉得磨咖啡的效果并不理想。用手动的“木盒磨器”要磨出最佳效果，一定要明白手动磨豆器的结构。在木盒磨器的手柄上，有一颗类似“螺丝母”的物体去固定整个转盘，磨豆器转动位置把手下方有一组小弹簧，这是用来调校研磨粗细度的。如果要细磨咖啡豆，先将它松掉一点，然后将那组弹簧向下压，再将那颗“螺丝母”重新拧紧，开始用手不停地循环转动去磨咖啡豆，再看看研磨后咖啡粉出来的效果，做出调校，以便取得理想效果。基本上，手磨器是磨不到非常细的效果，要去煮制espresso那般像粉状的标准是不可能的。

MANDHELING

研磨
咖啡豆

很多朋友都认为研磨咖啡是一个很简单的工序，直觉上只要将咖啡豆磨成粉便可以，忽略了研磨的重要性。要懂得如何去研磨咖啡豆，在煮制咖啡时才能够发挥出咖啡的真正味道。

咖啡豆最基本的研磨方法可以分为：细磨、中磨及粗磨。一般来说，越细磨的咖啡，味道越浓，相反，越粗磨的咖啡，煮出来的味道越淡。除了煮制香港式的丝袜（布袋）咖啡，因为浸泡和冲制时间约需45分钟，所以会使用粗磨咖啡粉。

现在很多咖啡爱好者都喜欢在超市里或咖啡专卖店购买咖啡豆后带回家里去研磨，这样便可以享受到即时研磨、即时煮制咖啡的效果。但是在研磨咖啡豆之前，如何去判断那款咖啡豆的磨度，先要有一个基础的认识。首先，应该要先看清楚那款咖啡豆的烘焙方式，究竟是属于深度烘焙、中深度烘培、还是浅度烘焙。例如牙买加蓝山咖啡，就有一定的讲究，粗略来说可以有下列区分：深度烘焙-细磨度；中深度烘焙-中磨度；中度烘焙-中粗磨度及浅度烘焙-粗磨度。

1. 深度烘焙-细磨度（medium fine grind），如粉末状

2. 中深度烘焙-中磨度（medium grind），如白砂糖粒状

上述的研磨度是以咖啡豆的烘焙方式作为准则，因为一般深度烘焙的豆会突出咖啡的苦味、甘味和最浓烈的味道，所以要用细磨的方式来发挥出咖啡的独特味道，例如espresso。而中深度烘焙的咖啡，很多时候烘焙商希望这款咖啡豆保存有微弱果酸的平衡性，又要有咖啡的香味和甘醇味，所以如果能够将咖啡豆研磨至如白砂糖粒状般，便可以发挥出咖啡的美味。至于中度烘培和浅度烘焙的咖啡豆，都是一些高果酸性的咖啡豆，这些咖啡豆一般都不会太受热，即是不可以深度烘焙，所以较粗的研磨度会适合，否则在煮制时很容易产生苦涩味。

初步了解了所选购的咖啡豆是哪一类型的烘焙方式并掌握到磨豆的基础知识后，下一步便要知道如何使用磨豆器。现在一些大型超市在售卖咖啡货架上都会备一台磨豆机给客人使用，客人可以尝试扭动磨豆机上的“粗、细研磨调校掣”，先放小部分咖啡豆研磨看一看所磨出来的粗细度是否与心目中的磨度适合，再做大量研磨。

3. 中度烘焙-中粗磨度（medium coarse grind），比白砂糖略粗

4. 浅度烘焙-粗磨度（coarse grind）

当然最理想的做法是买咖啡豆回家，在饮用前即时磨少量去冲煮咖啡。因为在磨豆过程中所散发的香气，会增加喝咖啡的欲望，加上个人心理上往往认为由自己亲手去完成的制品味道一定是好的。其实，真正的咖啡香气是在磨咖啡的过程中产生出来的，以广东人时常吃的蒸鱼和糖醋排骨为例，蒸好了的鱼在5～10分钟内进食为最佳，那是因为鱼的嫩滑和香味都是最新鲜的；糖醋排骨在煮好后如果不在10分钟内进食，那种很容易引起食欲的酸、甜和因为热度而产生的香气就会消失，排骨变成了只有酸的味道而没有其他味道，从而缺乏了吸引力。真正的咖啡香气应该是天然的，大部分食物或饮品只有热的时候才会产生香气，所以那香气是很短暂的。

烘焙
咖啡豆

现在很多咖啡爱好者除了喜欢在家里煮制咖啡外，更希望可以在家里烘焙（home coffee roasting）咖啡豆，即是炒咖啡。随着种种不同形式的小型咖啡豆烘焙机的生产，让热爱咖啡的朋友更想一展身手，希望有一天能够成为烘焙师。

严格来说，烘焙咖啡豆可以算是一门很深奥的学问，一位出色的烘焙师（roaster），并不是只懂得烘焙高品质的咖啡豆或将生豆烘焙成为熟豆。烘焙师要拥有一个敏锐的鼻子，可以将低等级的咖啡豆子变成可口均匀的拼配咖啡，更可以令高品质的豆子在烘焙技术上发挥得更淋漓尽致，令人喝后回味无穷。

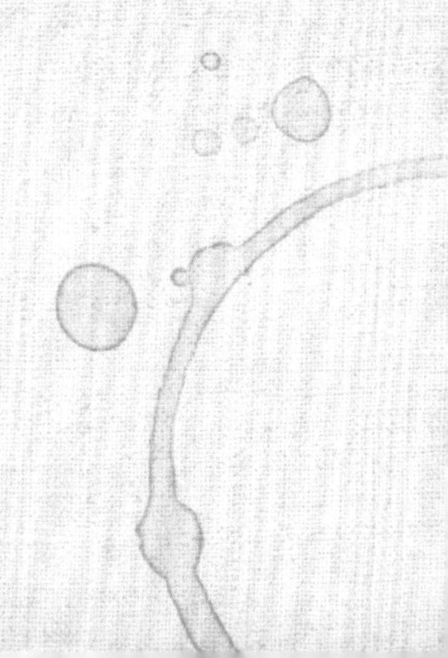

烘焙咖啡豆的温度简单来说可以分为4种：

浅炒（half city roast)：215℃～232℃

中炒（full city roast)：232℃～238℃

中深炒（Viennese / light French roast)：238℃～242℃

深炒（Italian dark roast / French roast)：242℃～249℃

Moisture %
测试咖啡含水率

烘焙咖啡豆的时候，对咖啡豆内的含水率百分比（moisture %，也有称为水分含量的）有很严格的要求。含水率百分比的意思是咖啡豆在采摘后和处理后所占水分的百分比。基本来说，所有“咖啡出口国组织”的标准出口要求是含水率12.5%，但很多时候会受到其他因素影响，例如咖啡豆在运输期间可能会受到日晒或受潮的关系，所以并不是每一个国家的咖啡豆都符合含水率12.5%的高标准。因为咖啡豆内12.5%的含水率是一个极高的标准，现在只有日本、美国和欧洲的一些国家可以选购得到，其他地区或小型生产商所使用的咖啡豆，其含水率有些会略高过或低过12.5%。

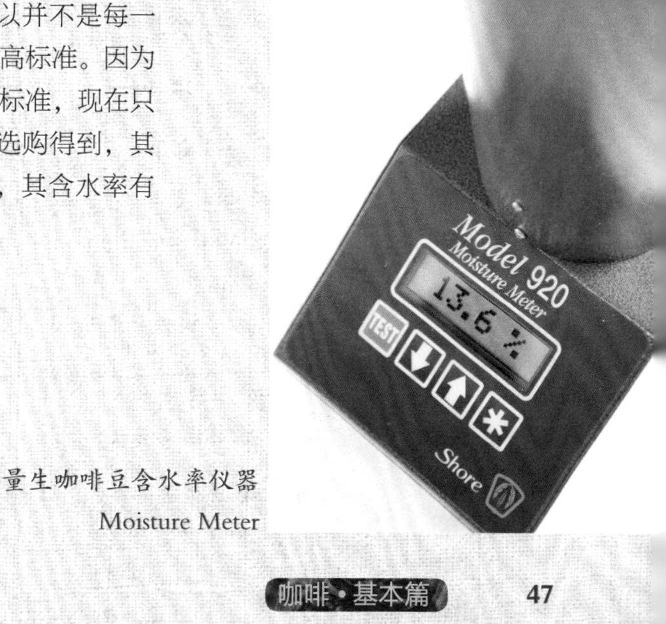

测量生咖啡豆含水率仪器
Moisture Meter

在烘焙咖啡的过程中，随着炒炉的温度增加，咖啡豆会因加热而产生化学效应，基本味道变化是果酸→葡萄酸→葡萄糖→焦糖。咖啡豆本身属于茜草科（Rubiaceae）植物，所含有的糖类成分众多，在烘焙过程中会因为温度上升而产生不同的变化。咖啡生豆在受热时其体积可以膨胀至原来的1.5倍，烘焙时生咖啡豆内的水分会被蒸发，与此同时二氧化碳等气体大量逸出，使生咖啡豆的内部变化出现空间及膨胀。所以烘焙后，咖啡生豆原重量可以下降百分之二十，有些甚至下降百分之三十或更多，原重量下降的多少主要视烘焙时候的温度而定，行内术语简称“收水”。专业的烘焙师在烘焙咖啡豆时，首先会用仪器测量咖啡豆内的含水率，从而决定炒炉的转速、火柱的喷器量和烘焙的时间。用家里的小型烘焙机则只能靠咖啡豆子的颜色而判断豆子是否熟透和味素是否达到标准。

浅度烘焙的咖啡豆，果酸味会比较强，而深度烘焙的咖啡豆，苦味和甜味表现得更明显。其原因是在浅炒过程中，咖啡豆内的有机酸仍然留在咖啡内，在深炒过程中，因为果酸内糖类不断受热而产生焦糖的味道，所以苦味和甜味会比较浓烈。此外，咖啡豆的味道还会受品种、土壤成分、阳光、气温、降雨量和风，及烘焙过程的影响而有所不同。即使是同一品种的生咖啡豆，味道也会因为不同出产年份的关系有不同的变化。

一般来说，烘焙咖啡方法有两种，分别称为湿炒法和干炒法。

Wet roasting 湿炒法

在欧洲，大部分的咖啡豆烘焙商都是使用湿炒法，即咖啡豆在高温下完成烘焙后，便立即倒入炒炉的"冷却转豆盘"内，散热时以冰雾喷在咖啡豆上，令咖啡豆可以加速冷却。欧洲生产的大型炒炉很多都设有喷雾器，在咖啡豆完成烘焙后自动将冰雾喷在咖啡豆上。

咖啡豆湿炒法的原理是，当咖啡豆在超过200℃高温下完成烘焙后，把一层冰雾喷在咖啡豆上，让其尽快吸取。在吸取期间让已烘焙好的咖啡豆温度迅速下降，再放进麻袋内让咖啡豆释放二氧化碳气体。这可以使咖啡豆更加圆润，豆心的膨胀使咖啡油挥发得更加理想，咖啡味道也更浓郁。在咖啡行业内，有一些朋友不太明白湿炒法的道理，跟我说这样的处理方法会令咖啡豆发霉，可能他们以为烘焙后的咖啡豆是放在水内浸湿的吧，但更奇怪的是他们又颇喜欢在欧洲烘焙的咖啡。

Dry roasting 干炒法

我在咖啡班主讲的时候，一谈到干炒法，大部分的朋友便会大笑出来，因为他们都不约而同地联想到美味的干炒牛河。大型炒炉的冷却转豆盘下面都设置有强力抽气的散热功能，当咖啡豆在烘焙完毕后，倒进冷却转豆盘便可以让其慢慢降温，再放进麻袋内让咖啡豆释放二氧化碳气体。当然，小型的炒炉如果没有上述装置，有些朋友会将烘焙好的咖啡豆让风扇吹着或放在空调下散热。但我曾经见过有朋友将刚刚烘焙好的咖啡豆，倒进塑料制的容器内散热，这个处理方法非常不好，因为咖啡豆的热度会将塑料容器的塑料味吸进去。

咖啡炒炉

将咖啡豆倒进冷却转豆盘内

用以上两种方法炒咖啡豆各有不同的味道，由于每人饮咖啡的要求和口味不一样，所以只能说：使用湿炒法炒出来的咖啡豆豆身会较为圆润，口感比较厚，味道也较浓烈。

有些朋友认为咖啡最好是在烘焙后，立刻将咖啡豆磨成粉，再即时煮好然后饮用为最佳。但事实上，在烘焙咖啡的过程里，最初产生的味道是很难闻的，就好像燃烧干草的气味。烘焙后的咖啡需要时间释放二氧化碳气体，这样咖啡才会有好味道。磨咖啡豆的时候气味是最香醇醉人的，还会令周边的环境沾染了浓浓的咖啡气味。

喜爱咖啡的朋友不妨做一个实验，去品尝是释放了二氧化碳气体的咖啡味道好，还是刚烘焙好的咖啡味道好。我每次开咖啡班都会做盲品会（blind tasting），很多记者朋友跟我做访问时也做过这个实验。

咖啡豆倒入麻袋内，让咖啡豆释放二氧化碳气体

认识 咖啡豆

Green Beans 生咖啡豆

咖啡树属于灌木类植物，通常生长在赤道附近，它只会长于热带及亚热带气候区域，这又称为咖啡带（coffee belt）。咖啡树是热带植物，产区内必须要有富含沙质的土壤，兼有足够的日照（但又不可以太猛烈）和足够的降雨量才能生长。种植一棵咖啡树，它的成长期需要3～5年。咖啡树的生长很容易受天气变化的影响，它最怕天气太寒冷或有霜雪，因为霜雪会严重破坏咖啡种子的生长，影响日后收成。种植咖啡的质量取决于它本身的品种、土壤成分和大自然的条件，这包括了阳光、气温、降雨量和风。

咖啡的果实类似樱桃，所以又叫作咖啡樱桃（coffee cherry）。刚刚成长的果实是绿色的，然后转变成黄色，到了成熟时则变成红色，非常漂亮。通常一颗咖啡果实有两粒种子，但如果只有一粒种子的话，则被称为圆形咖啡豆（peaberry），或被称为树顶豆。

生咖啡豆是呈绿色的（green beans），但有些时候由于咖啡豆的储存期比较长而变了淡黄色，这是因为咖啡豆内的水分含量减低而产生的变化。未经烘焙的咖啡豆结构非常坚硬，用锤子也未必能够将它打碎，烘焙后才会变脆，研磨煮制后才可以饮用。

生咖啡豆在没有烘焙前，不会有芳香浓郁的咖啡香气，有些时候甚至有颇难闻的臭味。

一般咖啡豆会以生长区域的温度和海拔高度来分为两大种类，简单来说，可以分为高山豆（阿拉比卡arabica）和低山豆（罗布斯塔robusta）两种。

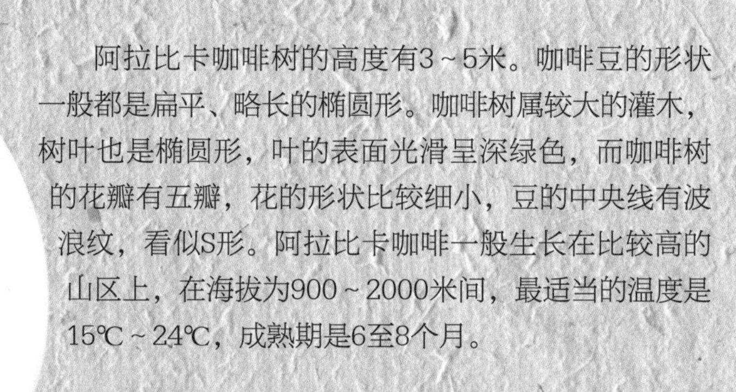

阿拉比卡咖啡豆 *Arabica*

阿拉比卡咖啡树的高度有3～5米。咖啡豆的形状一般都是扁平、略长的椭圆形。咖啡树属较大的灌木，树叶也是椭圆形，叶的表面光滑呈深绿色，而咖啡树的花瓣有五瓣，花的形状比较细小，豆的中央线有波浪纹，看似S形。阿拉比卡咖啡一般生长在比较高的山区上，在海拔为900～2000米间，最适当的温度是15℃～24℃，成熟期是6至8个月。

罗布斯塔咖啡豆 *Robusta*

罗布斯塔咖啡树的高度比阿拉比卡咖啡树要高，有7～13米高。咖啡豆的形状是较圆球形的，豆的中央线呈直线纹。咖啡树比较细小，但树叶比较大，花瓣有六瓣，花的形状也比较大。罗布斯塔咖啡比较适合在平地上种植，所以大多数会在海拔200～600米之间生长，成熟期为9至11个月。

弗洛斯Flores AP

洪都拉斯Honduras

咖啡豆除饮用外，也是期货市场上的一种贸易商品，它的贸易数量和价值在食品类占第一位。众所周知，商品期货的贸易价格的涨落取决于供应和需求，因此只有产量或数量少的咖啡豆才有市场价值。罗布斯塔咖啡豆一直以来都是制造速溶咖啡的主要原材料，而世界上有名的速溶咖啡生产商在世界各地都各自拥有大量的咖啡豆种植场，因此造成了罗布斯塔咖啡豆在商品市场上的价值偏低，以致在饮用市场上大部分人都只认为阿拉比卡才是好咖啡，因此其价格的涨落也很大。

简单来说，在饮用咖啡市场上，大部分消费者都要求咖啡“香、浓”，殊不知一杯又香又浓的咖啡，正是阿拉比卡咖啡豆和罗布斯塔咖啡豆的混合品！我们一般称这为拼配咖啡，至于两种咖啡豆拼配的比例，则会因不同口味的要求而决定。

罗布斯塔咖啡豆在烘焙后的味道浓烈，并带有苦味，质量较差的豆子甚至会带有少许涩味，而水分含量过高的罗布斯塔咖啡豆，则有霉味及不好的酸味；阿拉比卡咖啡豆则带有浓烈的果香味及果酸味。因为不同产区的咖啡豆都有它独特的味道，所以一杯香浓的咖啡可能是由几款不同的咖啡豆拼配而成的。

但要制造拼配咖啡，必须首先了解及品尝透彻该种咖啡豆的真正味道，才可以尝试去做出拼配。因为有些时候，某些咖啡豆的味道会盖过了另外一款咖啡豆的味道，而得出来的效果也不会好。可以这样说，如果要拼配出一款好味道的咖啡，应该要有一定的咖啡豆烘焙经验和知识。

咖啡果子在采摘后需要经过处理成咖啡豆才可以烘焙，成为饮用的咖啡。以往的咖啡树，一般都超过6米高，差不多接近9米，但因为要用人手采摘的关系，现在很多经过改良品种的咖啡树都只有约4.5米高。

Dp wip

咖啡豆的加工处理方法

咖啡豆的加工处理方法有两种，干处理法和水洗法。

干处理法（Dry Process－DP)

这个过程分为五个基本步骤，分别是选豆、晒干、脱壳、挑选和分级。

1 选豆：首先将果实放进水槽内，成熟的果实会下沉，相反未熟的果实会浮在水面上。

2 晒干：将已熟的果实放在太阳下晾晒五六天，期间要不停地翻动豆子，让豆子全面接触阳光，直至干透为止，更要避免被雨淋而令豆子受潮，这时候果实会变成深褐色。

3 脱壳：晒干后的果实表皮很脆、易碎，可以用机器除掉壳子。

4 挑选和分级：最后是挑选咖啡豆，把好的和有损坏的分开，然后再将咖啡豆分等级。

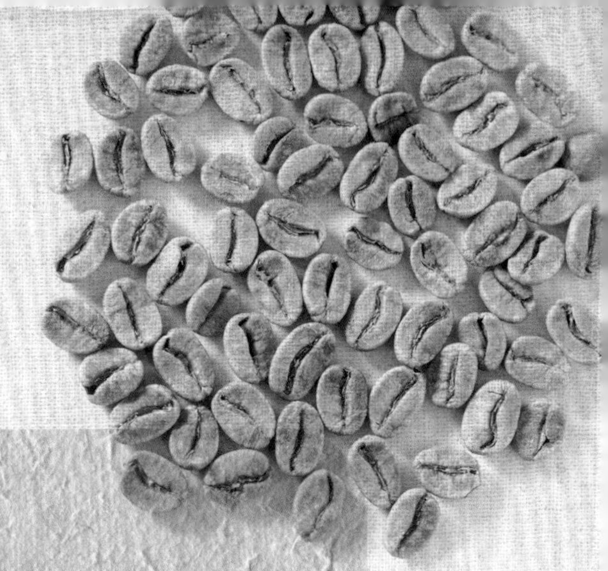

水洗法

水洗法最早是由荷兰人在大约1740年引进，正式名称是西印度群岛法（West Indische Bereiding - WIB），而大部分阿拉比卡豆都会采用水洗法。

水洗法的豆子有六个步骤。

1 洗擦：首先将豆子放进活水池内，利用水流的撞击力和摩擦力将咖啡豆表面洗到光滑。

2 发酵：然后是将豆子发酵（fermentation），咖啡豆会被放在水槽内浸上几天，作用是将内果皮的黏膜分解。浸的时间长短非常重要，时间太长会令豆子损坏，时间太短会令内果皮黏膜黏着豆子而难于脱离。用水加快发酵的过程，有可能影响咖啡的风味，但哥斯达黎加人是用天然的火山水做加工，效果非常好。

3 晒干：接下来的步骤是晒干，咖啡豆仍然在内果皮壳内，这时候咖啡豆内的含水率会高于15%，所以咖啡豆在水洗后必须要将豆子晒干，以免豆子变霉腐烂。一般豆子会放在平坦的地上，也有放在桌子上的，在太阳下或用风干机器吹干，令咖啡豆的含水率下降至12.5%。

4 脱壳：脱壳是一个必须的步骤，晒干完毕后的咖啡豆要进行脱壳处理，即除掉内果皮。

5 挑选和分级：最后便是挑选和分等级。

Grading

咖啡豆分级

咖啡豆在不同国家及产区都有不同的分级方法，在坦桑尼亚（Tanzania）、巴布亚新几内亚（Papua New Guinea）等国家的分级是以AA、A、B或C来分等级，计算方法是以生豆的直径即1/64英寸（1英寸=2.54厘米）的倍数来测定，AA属最高级。而在巴西（Brazil）、哥斯达黎加（Costa Rica）、哥伦比亚（Colombia）、牙买加（Jamaica）等国家的分级，则以号码区分，分别有14、15、16、17、18、19等。这基本上是以网孔筛选来分级，1/64英寸为设定单位。若网孔的直径是18/64英寸，即筛网号是18，而豆子的号码便是18。筛网号越大，豆子也越大。另有产区用1至6级分等级，1是最高级，6为最低级。有时还会听到一些人讲20/25咖啡豆，其实咖啡行内称为20/25的咖啡豆是罗布斯塔咖啡豆（Robusta），是属于第6级的低级咖啡豆，20/25的意思是指每一吨咖啡豆内有20%～25%的瑕疵，这些咖啡豆内的咖啡因含量偏高。

咖啡豆产区

Producing areas of beans

Africa

非洲产区咖啡

埃塞俄比亚

咖啡树源于埃塞俄比亚（Ethiopia），这里可以说是咖啡的出生地。咖啡树属于野生植物，树上的果实饱满而带一点酒香。埃塞俄比亚的一个小镇Kaffa据说是咖啡发源地，而Kaffa这个词也成了日后的一个重要名词——“咖啡”。当地很多咖啡生产商都喜欢将Kaffa这个词印在咖啡袋上，强调其正统的地位。到了今天，埃塞俄比亚已经成为非洲著名的阿拉比卡咖啡豆主要产区，出产多款品质纯正的优质咖啡。

在埃塞俄比亚的产区，咖啡的栽培方式有很多种，从一整片的大咖啡树林，到传统经营的一小块土地，甚至还有很现代化的种植园等。此外，超过一半的咖啡树都是种植在高海拔的山区上，这样可以让咖啡树尽量吸取阳光、适当的温度和降雨量。

在埃塞俄比亚并不是所有咖啡豆都是采用水洗法来处理的，也有采用干燥法去处理的，如西达摩（Sidamo）便是以上两种处理方法并用的。

因为埃塞俄比亚咖啡多由也门的摩卡港出口到世界各地，所以很多人都统称埃塞俄比亚咖啡为“摩卡咖啡”（Mocha）。比较有名的咖啡豆包括：哈拉尔（Harar）、耶加雪菲（Yergacheffe）、西达摩（Sidamo）、莉姆（Limu）、金马（Jimma）等，口感和风味都各有不同。埃塞俄比亚的咖啡豆，等级分为1至5级，1级是最好的，5级是最差的。因为价格关系，一般出口的都是以2级为主，但因为该国的关税关系，有时候出口的豆子会标注是4级。

“哈拉尔”是所有埃塞俄比亚咖啡豆里生长在最高海拔山区上的一款咖啡豆，在咖啡市场上被公认为是最优质的，售价也是最贵的。它可以分为长身咖啡豆和短身咖啡豆，而长身的在外观上比较吸引人而广受欢迎，此款豆果酸较重，口感温和，跟所有的埃塞俄比亚咖啡豆一样，烘焙后都带有一点酒香余韵。“哈拉尔”只可以用中度烘焙，如果使用中深度烘焙，会产生涩味。

“耶加雪菲”在市场上则不多见，豆身圆润，烘焙后的卖相很好。“耶加雪菲”的口感较为丰富（rich），使用中度烘焙会带出花果的香气，有像蜂蜜的甜味。中深度烘焙会令“耶加雪菲”咖啡豆内的焦糖味和牛油味完全地释放出来，味道也会比较浓烈；如果烘焙适宜，果酸味会在咖啡中若隐若现，令口腔内的咖啡味道非常饱满。

“西达摩”可能是埃塞俄比亚咖啡豆中最常见的一款。它有一个特性，就是可以接受中度烘焙（medium roast）、中深度烘焙（medium-dark roast）、甚至深度烘焙（dark roast），可以说是千变万化。它有一种像可可（cocoa）的香味，果酸味非常平衡，无论是用作单品或与其他豆拼配，味道都很好。

“莉姆”的产地在埃塞俄比亚西部，像“西达摩”一样，也有采用水洗法和干燥法去处理。干燥法处理过的咖啡豆，在浅度烘焙后会带出水果的味道，如桃子味及淡淡的柠檬味；而采用水洗法的豆子，在烘焙后的味道比较淡。

Ethiopia

埃塞俄比亚Ethiopia

“金马”如果采用中深度烘焙（medium-dark roast），它的果酸度属于平衡（acidity balance），带有甘味和甜味，但口感不持久且不强烈，如果用来当作espresso饮用，效果并不理想，可与其他豆拼配。

总体来说，埃塞俄比亚咖啡的口感细腻丰富，口味独特，因为很少有咖啡豆会含有水果味及酒香，既不浓烈，果酸味也适中。

在埃塞俄比亚不同地区的人喝咖啡的习惯也不一样，有人会在咖啡内加上盐、黑胡椒、红辣椒、丁香或肉桂等香料来饮用，加盐喝咖啡的人占大多数，可以算是特色之一。此外，在埃塞俄比亚喝咖啡，也有人会将香料和咖啡豆一起研磨，并煮制在小杯中，与薄饼或爆米花一起食用。

肯尼亚 *Kenya*

肯尼亚生产的都是阿拉比卡咖啡豆，等级可以分为PB、AA++、AA+、AA、AB等级别。它们的外表光泽亮丽，口感好，但带有一些泥土味，跟埃塞俄比亚的咖啡一样，也会带一点酒香。

在肯尼亚，所有咖啡豆都是由中央政府处理，他们设有“肯尼亚咖啡委员会”、“中央清洗站”和“合作社”等机构，按流程依次处理所有咖啡豆。肯尼亚咖啡大多数都是生长在高海拔的山区上，1500～2100米高的地方，每一年可以有两次收获期，而且任何砍伐或破坏咖啡树的行为在肯尼亚都是违法的。肯尼亚咖啡一般都是在规模较小的农场里种植，咖啡豆都是人工采摘的。在采摘后，咖啡豆会首先送去中央清洗站处理，清洗完毕和晒干后的咖啡豆会送到合作社，然后农民会根据咖啡豆的品质和数量去计算出平均价格作为售价。

肯尼亚咖啡委员会的职能是先从合作社收购咖啡豆，再做出鉴定、分级，跟着在每周的拍卖会上拍卖。这时候肯尼亚咖啡委员会变成了一个专业咖啡代理商，负责收集咖啡豆样本分给拍卖会上的咖啡贸易商，然后由贸易商去按照质量来定价。

肯尼亚咖啡豆在外观上是比较圆润和丰满的，烘焙后的豆子也非常好看。我认为这款咖啡豆最佳的烘焙方法是中深度烘焙，在磨度处理上可以试用比砂糖细一点的研磨度，这样便可以带出咖啡豆浓郁的味道及果香，而果酸不明显，其回甘味也极佳。

肯尼亚Kenya

印度尼西亚产区咖啡

Indonesia

在亚洲区的咖啡产区，最著名的就是印度尼西亚了，印度尼西亚咖啡一般口味都较为浓烈，糖浆味明显而且果酸味适中。较为著名的品种有苏门答腊的“曼特宁”（Mandheling，这词的出处是由德国古语Mandailing转变而来）、苏拉威西的“卡洛西”（Kalossi）、爪哇的“布拉万”（Blawan）和“詹姆比特”（Jambit）及位于印度尼西亚南部弗洛斯（Flores）的AP等。

苏门答腊曼特宁Sumatra Mandheling

Sumatra
苏门答腊

苏门答腊的咖啡种植可以追溯到18世纪，那时候印度尼西亚是德国殖民地，当时大部分苏门答腊的咖啡豆产区都是在北部。苏门答腊最著名的咖啡豆要算是曼特宁了，现在差不多很多人一提到苏门答腊咖啡，说的就是曼特宁咖啡豆。

曼特宁咖啡豆的处理方法，一半是水洗豆而另一半是风干豆。单从生豆表面上来看，卖相可以说非常难看，就算是1级（Grade 1）的咖啡豆，其外形也是参差不齐而且比较粗糙，令很多首次接触曼特宁咖啡豆的咖啡烘焙商也会产生误解，认为自己给人家骗了。其实曼特宁咖啡豆要在烘焙后，才能够凭其独特的味道做出评级，尤其是在深度烘焙后，它的外观会变得丰富而圆润，咖啡质感浓厚，表面上的咖啡油也非常吸引人，带有果糖浆味，味道浓烈带一些甘苦，还带有强烈和特殊的香气，回味长而甘。曼特宁咖啡可以帮助消化，是充满阳刚气的咖啡。

苏门答腊曼特宁咖啡还有另一特色，当地人会将一些咖啡豆储存起来，成为陈年豆（aged coffee），有些像中国的陈年普洱茶。陈年咖啡豆必须要储存在温暖而潮湿的地方才会得到最佳效果。其价格会随着年份而增加，我曾经查问有8年年期的曼特宁咖啡豆的价格，但该产区差不多都不报价，而储存了3～5年的也只会少量发售。陈年豆在烘焙后，味道是否真的很特别或美味，可以说是见仁见智了。因为它入口时会有很极端的味道，咖啡带有像药材般的强烈苦味，但随后又会有一种清凉的薄荷味、巧克力味和焦糖味，香气浓烈而醉人。烘焙陈年曼特宁最好是采用深度烘焙，因为浅度烘焙，咖啡豆会出现颜色不均匀的现象。此外，在咖啡市场上有些咖啡爱好者并不认同陈年豆，他们认为这是属于过期豆而不会采用。

苏门答腊还有另外一款水洗咖啡豆，是用该处一座著名的山“芽腰山”（Gayo Mountain）来命名的。这款咖啡豆由嫁接的咖啡树生长出来，生产数量并不多，所以很多人都不认识，在烘焙后它带有丁香和豆蔻的香料风味，口感也很好。

苏拉威西 *Celebes*

苏拉威西的卡洛西（Kalossi）咖啡豆大多是水洗豆。这款豆的质感比较厚，但果酸性也高，而且含有野菇和类似中草药的味道，并不受大多数人喜欢，大部分的豆子都是卖往美国和日本。跟苏门答腊曼特宁咖啡一样，苏拉威西较为著名的也是陈年咖啡豆，但价格非常昂贵。陈年咖啡豆同样地在烘焙后会完全找不到任何酸味，它的质感丰厚，味道甘醇，效果就像陈年红酒一样，咖啡爱好者有机会到印度尼西亚的苏拉威西一定要试一试。

爪哇 *Java*

爪哇咖啡豆到了现在，已经失去了它们以往引以为傲的名称："摩卡-爪哇"。这是由于在20世纪七十年代初期，农民将传统的咖啡树砍掉，改为种植一些高产量和高利润的咖啡豆所致。爪哇大部分的咖啡豆都是用高温机器去烘干，所以它们已经失去了咖啡的真实感。在烘焙后，爪哇咖啡豆的酸味明显而香气薄弱，可以说在爪哇已经很难再找到高品质的阿拉比卡咖啡豆了。

弗洛斯 *Flores*

很多人都不知道弗洛斯的AP咖啡豆是什么品种，其实它属于水洗的罗布斯塔咖啡豆，生长在1150～1400米之间，这款咖啡豆特性较纯，果酸平衡度好，带甜味，在欧洲的意大利、法国和瑞士等国家都喜欢用它来做espresso的拼配豆，AP豆单饮的味道也很好。

印度产区咖啡

India

在十几年前，印度咖啡在市场上较少受到注意，但时至今日，越来越多的人开始饮用印度咖啡。印度咖啡豆是属于味浓、低果酸度、略带辛辣味的咖啡。

印度最著名的是“季风（monsooning）咖啡”，这款咖啡豆不是绿色而是呈黄色的，这是因为在以前长时间货运途中，高湿度空气令咖啡豆转变的结果。到了现在，由于每年的5至6月，印度的西南地区都有季风，生产商便会利用这大自然现象去处理咖啡豆，形成了季风效果。

另一款在印度的咖啡豆是属于利比里亚（Liberica）的安路基咖啡（Anohki Coffee），安路基在印度语解作独一无二；独一无二的意思是指这款咖啡在研磨时所产生的浓烈香气。在印度这些利比利亚咖啡树身都高过6米，而枝干也特别茂盛，因为树身高的关系，所以吸收阳光和雨水的能力也会好。

我翻查曾经的笔记，在2004年我前往泰国参加一个咖啡研讨会时，印度的代表曾经拿出这款咖啡，当那位女士在用小研磨机磨安路基咖啡时，散发出非常浓烈的咖啡香气，但试杯时我的笔记是这样写的：“像坏了的蓝莓味，好酸涩。”那咖啡的烘焙颜色显示应该是浅至中度烘焙的，后来那位女士现场烘焙咖啡，第一次是中深烘焙，奇怪的是那种不好的味道消失了，代之而来的是果酸度平衡，像印度尼西亚的托拉雅（Toraja）特性，有些药材味；随后当那位女士将同一款咖啡浅度烘焙后，磨成粉后冲出来的咖啡颜色淡淡的，入口后我觉得更像茶的味道。所以有些时候要反复测试才可以找到咖啡的真正味道，至于是否喜欢，则是个人口味了。安路基咖啡这款咖啡豆的产量很少，在印度只会内销而很少外售。

中、南美洲产区咖啡

Central & South america

哥斯达黎加

哥斯达黎加和危地马拉都是传说中生产最优质咖啡的地方，而哥斯达黎加咖啡又有“咖啡生产国中的瑞士”美誉。哥斯达黎加生产的咖啡以质量严格著称，次等货或劣等货往往会被弃掉或用来制成其他产品。

哥斯达黎加的所在地为火山区域，跟印度尼西亚的苏门答腊一样，土壤十分肥沃，山区上排水性能良好；位于首都圣何塞南部的塔拉珠更是世界上一个主要优质咖啡产地，生产的咖啡味道清纯，香气逼人，可以说是单品咖啡中的极品。而拉米尼塔塔拉珠（La Minita Tarrazu）更是当地名产，产量每年只有七万多公斤。此外，在拉米尼塔塔拉珠所种植的咖啡不会使用任何农药或人造肥料。在采摘过程中，首先经过电子设备来选出咖啡豆果实的大小规格，然后才用人手采摘。除了拉米尼塔塔拉珠外，哥斯达黎加尚有很多著名的产区，例如胡安维那斯（Juan Vinas PR）、蒙迪贝洛（Monte Bello）及圣塔罗沙（Santa Rosa）等均是品质上等的咖啡。

哥斯达黎加咖啡一般在海拔1500米以上生长，其特质被称为特硬豆，因为咖啡豆心实，所以品质好。由于咖啡豆生长在较高的海拔，晚上气温比较低，令树木生长的速度缓慢，高海拔还可以获得较充足的降雨量，相对来说咖啡豆的味道会更加浓郁。也正因为咖啡豆生长在高海拔的关系，形成了高昂的运输费，令咖啡豆出口成本增加。

哥斯达黎加咖啡以口感丰富见称，一般烘焙商都只是采用中度烘焙，可以带出果味及像香草的香气；但由于咖啡大多数生长在火山区域的土壤上，其另一个特性是可以受高温，也可以尝试使用深度烘焙，可能会给你带来意想不到的惊喜。

哥斯达黎加Costa Rica

危地马拉 *Guatemala*

危地马拉咖啡在中美洲的咖啡产区有着“皇冠珠宝”的美誉，在该国内不同产区的土壤、不同的海拔高度及气候都适合种植优质咖啡。危地马拉比较著名的咖啡产地包括有“安提瓜”（Antigua）、“韦韦特南哥”（Huehuetenango）（当地人称Huehue）、“阿卡特南哥”（Acatenango）、“阿蒂特兰”（Atitlan）、“柯班”（Coban）、“法拉罕高原”（Fraijanes）和“奎切”（Quiche）等。危地马拉咖啡豆产区享负盛名，最主要的原因应该是拥有良好的农场管理制度以及农民对咖啡的专注与喜好。

大部分危地马拉咖啡果子的长相都很好，圆而大。经过水洗处理后的豆子，如果做中深度的烘焙，果酸味明显，煮制后会散发出黑加仑味、带有甜甜的蜂蜜味、果仁味和姜味。同样因为危地马拉位于火山区，所以豆子也可以采用深度烘焙，用作espresso，这样咖啡味道会有所转变，咖啡果香味会带有甜味，而果仁味和焦糖味则更明显。

危地马拉Guatemala

Jamaica Blue Mountain

牙买加蓝山

相信喜爱咖啡的朋友都一定听说过蓝山咖啡（Blue Mountain Coffee），我首先要指出蓝山咖啡的正确产区是在中美洲的牙买加（Jamaica），而不是巴西（Brazil），因为我曾经收到一些咖啡班学生的电子邮件，诉说有咖啡烘焙商指蓝山咖啡是在巴西生产的。其实，除了在牙买加外，另一个蓝山咖啡的产区是巴布亚新几内亚（Papua New Guinea），这是因为巴布亚新几内亚人在很久以前，将牙买加的蓝山咖啡树移植到该国种植。

蓝山咖啡是现在身价最高的咖啡之一，甚至可以称为是“咖啡中的神话”。很多朋友对蓝山咖啡都有所误解，主要原因可能是接收了错误的信息，例如在电影或电视剧里会有演员说为了赶通宵工作而靠蓝山咖啡去提神，或所喝到的蓝山咖啡又浓又香等。真正的牙买加蓝山咖啡的特点是有丰富的果酸味而略带甘香，特质是无苦味，是一款比较淡味的咖啡。由于蓝山咖啡果酸性非常高，所以不可以使用高温烘焙，只可以是浅度至中度烘焙，咖啡味道绝对不浓烈，因此蓝山咖啡又被称为Relaxing Coffee。

蓝山咖啡的种植区可以称得上是全世界最优质的种植区之一。在牙买加，由金斯敦（Kingston）至南部，及由玛莉亚港口（Port Maria）到北部，都是最好的咖啡种植区。蓝山的山脉高约2300米，加上清凉的天气，多雾及多雨量，肥沃的土地和优良完善的排水系统，形成一个异常理想的天然咖啡种植区。只有真正牙买加蓝山咖啡才会由“牙买加咖啡业委员会”（Coffee Industry Board of Jamaica）签发证书及盖上标签以确认为真品，这些咖啡也受到全球性的认可和保护。蓝山咖啡的最特别之处，是使用木桶包装及运输。这款有70公斤容量的木桶最初原是英国人用作装载面粉运往牙买加的，后来加上了种植庄园的名字，用来装载咖啡豆。近年来，牙买加也有30公斤容量的小木桶装蓝山咖啡。

JAMAICAN

蓝山咖啡可以分成五级：

一级蓝山咖啡：要求有超过 96% 的咖啡豆的大小是 17/20，咖啡豆里不可以有多于 2% 的明显瑕疵。

二级蓝山咖啡：要求有超过 96% 的咖啡豆的大小是 16/17，咖啡豆里不可以有多于 2% 的明显瑕疵。

三级蓝山咖啡：要求有超过 96% 的咖啡豆的大小是 15/16，咖啡豆里不可以有多于 2% 的明显瑕疵。

圆形状蓝山咖啡（Blue Mountain Peaberry）：要求有超过 96% 的咖啡豆是圆形豆，咖啡豆里不可以有多于 2% 的明显瑕疵。

蓝山咖啡组合（Blue Mountain Triage）：集合了上述四款的蓝山咖啡特点，咖啡豆里不可以有多于 4% 的明显瑕疵。

近年来我在内地的一些城市都有见过出售牙买加蓝山咖啡的，最常见到的品牌是加比蓝（Jablum）及沃伦芬（Wallenford），售价一点也不便宜，零售价每500克人民币1800～2000元。在计算成每杯成本后，比起市面上有些咖啡店所标售每杯只需要人民币30～40元的高很多。加比蓝品牌的蓝山咖啡一般都是中度烘焙，而沃伦芬品牌的蓝山咖啡则是浅度烘焙，以保持其高果酸性。

多年前我在深圳市一著名咖啡连锁店的菜单上见到有极品蓝山咖啡，每杯只需要人民币10元，当时被那么低的售价吓了一跳，该店主更保证所发售的都是100%进口牙买加蓝山咖啡，但我始终都不愿意去尝试。

现在牙买加蓝山咖啡每年的年产量只有约四万袋，但当中约85%都是被日本贸易商收取，最主要的原因是在1969年的时候，牙买加政府得到了日本人贷款资助，挽救了咖啡生产的经济危机，所以有一种说法是日本人垄断了蓝山咖啡市场。我在多年前曾经和牙买加蓝山咖啡贸易商联络，但所得到的贸易商名单不是在日本的日本人公司，就是在夏威夷的日本人公司。

蓝山咖啡应该是咖啡中的一个神话，不过现在又多了一个“猫屎咖啡”的神话，以农产品的身份可以售卖至几千元一磅（一磅约0.45千克），除了是经济学上所说的供求理论，另一个答案是包装和市场炒作。近年来，牙买加一级蓝山咖啡青豆售价已经由以往的每磅36美元升至每磅80美元。此外，近年来因为大陆对台湾开放了直接旅游的关系，使台湾对牙买加蓝山咖啡的需求也有所增加，因为大陆很多朋友到了台湾也会购买一些蓝山咖啡作为旅行礼物。

在这里也想和咖啡好友分享一些资讯。市面上的蓝山咖啡真可以称得上五花八门，什么“顶级”、“极品”、“拼配”（blended）和“风味”（style或flavour）等，令很多咖啡朋友难以分辨或选择。我也分不清楚什么是“顶级”和“极品”，只知道分为一级、二级、三级等。至于“拼配”，日本人对蓝山拼配咖啡的要求非常严格，必须要有超过30%的牙买加蓝山咖啡才可以用蓝山拼配的名称。然而，现在很多烘焙商或供应商的蓝山拼配咖啡，含有真正蓝山咖啡的百分比很低，甚至可能连一点蓝山咖啡的“风味”都没有，而是一些咖啡供应商所配制出来的一款咖啡罢了。

我多年前遇见过一位朋友，他告诉我每天都喝上一杯蓝山咖啡，我当时觉得这位朋友真有品味，但当他告诉我他的蓝山咖啡的来源和价钱后，才知道他是喝了多年的“蓝山风味咖啡”（Blue Mountain style）！而那个英文词“style”，在包装袋上的字体印刷是非常细小的。

哥伦比亚咖啡 *Colombia*

哥伦比亚出产的咖啡大部分都是阿拉比卡豆，罗布斯塔豆则比较少种植，该国也是全球最大水洗咖啡豆的出口国。除了产区的地理优势外，哥伦比亚政府和农民都非常注重咖啡豆的生产品质，所以口碑非常好。十多年前更有新闻报道，所有不合规格的咖啡豆，在该国只会用来制砖块。

极品哥伦比亚Colombia Excelsq

在哥伦比亚为人熟知的咖啡豆有“绿宝山”（Emerald）、“优质”（Supremo）和“极品”（Excelso）。哥伦比亚的咖啡等级是以豆子的大小来作区别，因此“绿宝山”、“优质”和“极品”正确的区分应该是豆子的大小，而不是品质上的高低。但三款咖啡豆的味道是否没有分别呢？那又不是，“绿宝山”和“优质”的果酸性比较重一些，果仁味道较轻，香气清新，咖啡味道会淡一点，但因为豆子卖相好，外形比较圆、大，所以在市场上颇受欢迎。由于此两款咖啡豆果酸味道较重，所以只适合浅至浅中度烘焙。

“极品”在市场上较受饮家欢迎，因为咖啡味道比较浓，而果仁味道也突出，带有浓浓的咖啡香。

咖啡豆的大小

在这里我也想和大家谈谈咖啡豆大小的话题。咖啡在香港和内地市场上日益普遍，很多朋友都喜欢购买咖啡豆回家再研磨去煮制咖啡，而如何选购咖啡豆（熟豆）也是大有学问的。

咖啡豆来自世界各地，除了风味不一样和受不同烘焙方式而产生味道的区别之外，豆的大小则相差无几。但是其中一款巨型咖啡豆，又称为大象豆（elephant bean）则是一个例外。这款巨型咖啡豆在咖啡豆类的正名是马拉戈日皮（Maragogype），一般在中美洲及南美洲生产，取名来自巴西的巴伊亚洲（Bahia）的马拉戈日皮县，马拉戈日皮豆是杂交配种豆。早期曾经有多个产区生长这款豆，当然包括了巴西，危地马拉、墨西哥、刚果（金）、萨尔瓦多、尼加拉瓜和洪都拉斯等也均有生产。据说在第一次世界大战前，德国还是最大的买家。时至今天，生产巨型咖啡豆的国家已经越来越少，现在只有墨西哥及危地马拉尚有少量在种植。

巨型咖啡豆的存在是市场上的一种需求，从经济学角度来说，也是一个供求的问题。由于咖啡是一种贸易商品，以前的资讯未有现在发达，只要有所吹嘘，市场便会受到注意从而令价格波动。加上很多咖啡爱好者受咖啡豆外观的影响，往往认为咖啡豆样子够大粒圆润便是好东西，令巨型咖啡豆有了生存空间。而巨型咖啡豆的没落亦颇迅速，当咖啡爱好者买了这些咖啡豆饮用之后，发现除了咖啡豆大粒外，味道很一般，没有咖啡应有的层次感觉，更不要说口感了，因此巨型咖啡豆很快地便被市场淘汰了。

对于咖啡业内人来说，巨型咖啡豆的俗称是空心豆（hallow bean）或称为“蟑螂蛋”；严格的烘焙商人会要求咖啡豆心要坚硬和结实，像哥斯达黎加的豆子一样，在烘焙时所产生的膨胀提供了咖啡应该有的质感。反之，空心豆的称谓跟它的名字一样，由于豆子是空心的关系，咖啡豆内的含油量不够，所以巨型咖啡豆并不能够提供一杯有层次的美味咖啡。希望各位爱好咖啡的朋友要记着选购豆子时“小即是美”的道理，并挑选一些小至中型的咖啡豆，当然如果可以先品尝再购买是最好的了。

ESPRESSO
基本咖啡

Espresso这个字有3个定义:

已经烘焙好的咖啡豆

- espresso咖啡豆通常是指一款受过极高温度烘焙的咖啡豆，经极细研磨后，适用于压力咖啡机内煮制。
- 这款咖啡豆采用深度烘焙，烘焙温度超过245℃。
- 豆身呈深黑色及带有油性的亮泽，咖啡因此有饱满的质感。

煮制咖啡的方法

• espresso看字面是加大压力（es+presso=ex+presso）的意思，所以espresso必定是一杯由压力咖啡机（espresso machine）煮制出来的饮品。严格来说，若不是使用压力咖啡机煮出来的咖啡，便不可以称为espresso。

• 每一杯espresso要使用6.5~8.5克非常细磨的咖啡粉，咖啡水分则只有35~40毫升。此外，又有“单杯量”（single espresso）和“双杯量”（double espresso）的分别。

• 欧洲式双份espresso跟美式的双份espresso也不一样。欧洲的双份 espresso是指用双份咖啡粉的分量，去煮制一杯35~40毫升的咖啡；而美式的双份espresso是用双份咖啡粉的分量，去煮制双份水量的咖啡。

• 煮制espresso时，热水和咖啡粉的接触点为86℃~92℃，商用咖啡机设置压力为900千帕。压咖啡粉时的力度也要均匀，这样可以令水流经过咖啡粉的时候慢一点，水分会完全吸取了咖啡粉的味道后才流下杯中，并呈现出一层如云石般（marble face）的咖啡油面（crema）。流水过程单杯量为16~20秒，而双杯量为18~25秒，这都被视为基本标准。

一杯咖啡饮品

• 大家都知道espresso也是一款饮品的名称，煮制好的咖啡面上会浮现出一层厚厚金黄色如云石般的油（marble face / coffee crema）。

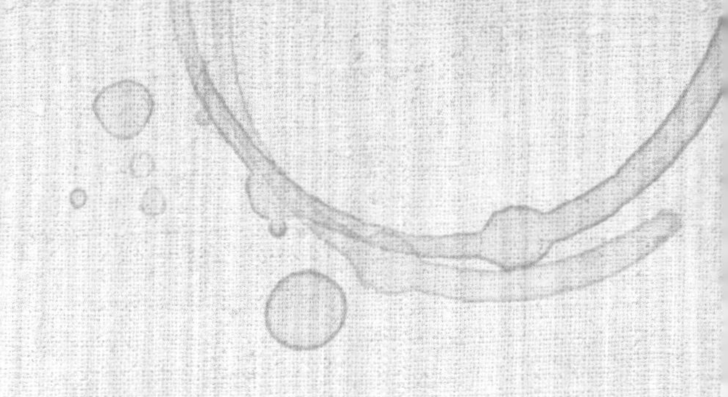

espresso加上不同的配料，如糖浆、奶、水、巧克力浆等，便会成为另外一些有味道的咖啡饮品了，美式、玛奇雅朵、摩卡、卡布奇诺、拿铁等都是这样制作出来的。

欧洲式咖啡和美式咖啡的区别

European Style American Style

一直以来，坊间很多咖啡店的菜单上都有不同款式的咖啡供客人选择。2005年至2007年间，我在内地巡回教授咖啡时，在西安、杭州、成都等城市见过有些店内列明有espresso，但当咖啡端来时，只是一杯黑色的咖啡，分量也不合乎标准。细问之下，原来店内并没有设置压力咖啡机，而只是用虹吸壶煮制。服务员告诉我，其实他们也不太清楚espresso是什么样的咖啡，由于中文是用“意大利浓缩咖啡”或“意式浓缩咖啡”来翻译的，所以他们认为只要是一杯煮制时间比较长和用上比较深度烘焙的咖啡豆去煮制的黑咖啡，便是他们心目中的espresso了。当我再问有关“crema”这个词时，他们也不知道是如何冲制出来的。其实类似情况早年在香港一些咖啡店也有出现。

如今在亚洲地区最流行的咖啡饮品，应该是牛奶咖啡了。在2005年的一个亚洲区咖啡研讨会上，统计资料显示约70%喝咖啡的朋友都喜欢喝加了牛奶的咖啡。这里所指的，包括了泡沫咖啡（cappuccino）和奶泡咖啡（latté），即现在很多人称为“卡布奇诺”和“拿铁”的饮品。“Cappuccino”的名字来源于意大利著名的圣方济会修道者，因颜色极像他们所穿着的白色配棕褐色连大兜帽修道袍而得来的。“Cappu”在意大利文中是指泡沫，“latté”是牛奶的意思。

在欧洲最传统的泡沫咖啡（卡布奇诺），泡沫与咖啡的比例是：三分之一是espresso，另外三分之二是泡沫。喝泡沫咖啡有一个独特方式，当泡沫咖啡端上来的时候，不要用羹匙搅拌咖啡，而是将羹匙斜放入杯子内到底，连着咖啡和泡沫一口一口地放进口内。卡布奇诺在欧洲也有另外一个名称是“热冰激凌”（hot ice-cream）。我在瑞士和意大利的雪山上也曾享用过喝奶泡咖啡的经验。

但时至今日，由于美国咖啡文化和饮食方式的不同，泡沫咖啡已经演变成为三分之一的普通咖啡（有些咖啡味道甚至很淡），三分之一是热牛奶，另三分之一是泡沫，而且很多咖啡店甚至在泡沫咖啡上做花式（拉花），完全将泡沫的原本意思扭曲了。不过，随着咖啡热潮的兴起，很多内地或香港的电影、电视剧中但凡有咖啡场景的出现，那杯咖啡必然是拿铁，而且上面都有漂亮的拉花图案，想来是想引起观众的共鸣。只要喝咖啡的朋友开心，这些错误看来已经不再重要了。

latté art

奶泡咖啡（拿铁）名符其实是以牛奶为主，在法国称为café au lait，由于这一款咖啡的饮用方式要求是多牛奶，所以用的热牛奶比较多，基本上只有五分之一是espresso，另外五分之三是热牛奶，最后的五分之一是泡沫。而近十多年间更兴起在奶泡咖啡上加上图案，又称为“latté art”（拉花），每年全世界的咖啡拉花大赛都有很多煮制咖啡的朋友参加比赛，如今在亚洲区做latté art比较出色的地区是日本和中国台湾地区，近年来，内地一些展览会也有这类型的比赛，但规模比较小。

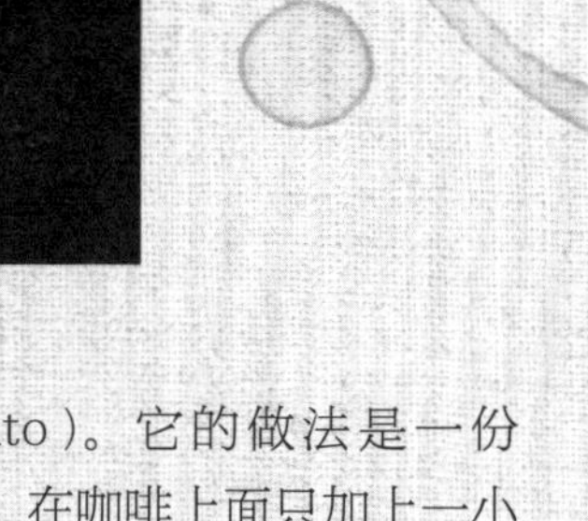

欧洲还有另外一种咖啡饮品叫“玛琪雅朵”（macchiato）。它的做法是一份espresso，有些时候更会是双份（记着是双份咖啡粉一份水），在咖啡上面只加上一小匙的泡沫。

大部分喝咖啡的朋友在喝有牛奶的咖啡时都喜欢放糖，其实当牛奶加热后，由于热蒸汽和牛奶混合，再加上牛奶中的碳水化合物受热后，无论是泡沫或奶泡都会自然产生甜味。要将牛奶加热到产生细密而软绵像乳脂的感觉和效果，牛奶加热的温度只可以在68℃~71℃之间，更高的温度只会令牛奶全面加热而做不到上述的效果，那时候泡沫咖啡和奶泡咖啡也制作不成了。

很多朋友因公干或旅游，从欧洲回香港后，都会跟我说他们在西班牙、意大利或法国等地方，不论是在咖啡店或路边摊喝咖啡，那杯咖啡都非常够味道，就算加奶，喝后口腔内都有浓浓的咖啡回味感觉，而在香港则很难找到那一种口感。有时在报纸或杂志上读到一些咖啡专家教人喝咖啡的方法，说如果初次饮咖啡时，可以饮一些淡一点的咖啡，加多一些奶，便会对咖啡产生好感云云。我不知道这是哪一门的理论，因为饮咖啡的基本三步曲是，先试一口黑咖啡，然后加糖再试，最后才加奶。如果咖啡店所售卖的咖啡都是加了很多牛奶的话，那真的不知道是在喝咖啡，还是在喝牛奶了。

多年前曾经有人对我说，他们店内的卡布奇诺是由某几款咖啡豆拼配而成，所以特别好喝云云，相信大家读完本文后，都知道卡布奇诺的来源。所以基本上是没有卡布奇诺拼配类的咖啡豆品种，当明白了咖啡饮品的基础是来自espresso后，我相信爱好咖啡的朋友日后在选择咖啡饮品时也会清楚那杯咖啡是否符合标准了。

Coffee Yishupian

咖啡·艺术篇

用心，是煮好咖啡的必备条件。
希望大家用自己喜欢的煮法和钟爱的咖啡豆，
用心煮出咖啡香和真正的味道，
与我一起，好好地享受咖啡，享受人生。
Let’s enjoy coffee, enjoy life!

打奶泡的技巧

一般的压力咖啡机都设有蒸汽喷嘴，它的作用是用高温蒸汽来加热液体，打热奶泡来制造奶泡咖啡或泡沫咖啡。首先将准备加热的牛奶，最好是全脂牛奶，放置在一个较深的不锈钢容器内，切勿使用如玻璃或塑料等非金属容器，因为高温蒸汽会令玻璃爆裂或塑料熔掉，非常危险。奶壶的形状最好是下阔上窄，因为牛奶很容易由下向上扩散。如果是要加热牛奶，只需要将整根蒸汽棒及喷嘴完全放进该不锈钢容器内至底部，扭开蒸汽阀直至牛奶完全加热即可。

奶泡要打至这样才合格

制造奶泡方法如下：

1 首先启动蒸汽阀，将蒸汽棒内的多余水分放掉，然后关掉蒸汽阀。

2 在不锈钢打奶壶内放进约1/3或1/4的冷藏牛奶，将蒸汽喷嘴轻轻接触牛奶的表面，再次启动蒸汽阀。蒸汽要适中，切勿蒸汽太大，以免牛奶沸腾太快，但也不可以蒸汽过少，以免蒸汽不足。如果是用专业的压力咖啡机，蒸汽喷嘴会有3或4个喷气孔，可将打奶壶斜放约60度角，好处是其中一个喷气孔不会浸在牛奶内，而是刚好在牛奶的表面，这样就可以加强蒸汽在打奶壶内令牛奶产生的漩涡。

3 如果是一般家用的压力咖啡机，便要将蒸汽棒的前端浸在牛奶内，手腕要轻轻地将不锈钢打奶壶上下左右地转动，令奶泡均匀。当奶泡升起至不锈钢容器顶部时，便可以关掉蒸汽阀，并将不锈钢容器拿开。

4 若要打细腻的奶沫做拉花，奶打好后，表层有可能出现大小不均的泡沫，那便要把打奶壶表层的奶泡撇掉。

如果家里没有咖啡机而又想制造奶泡咖啡，有三种手动方法可以采用，分别是小型打蛋器、奶泡杯和电动打奶器。

第一种方法是小型打蛋器。先将牛奶放进容器内，然后将盛着牛奶的容器放在燃气炉或电炉上加热至68℃左右，将容器拿开，然后用打蛋器在热牛奶的表面轻轻搅动，便会逐渐成为泡沫形状。第二种方法是买一个奶泡杯（cappuccino creamer）。奶泡杯的形状跟“法式滤压咖啡壶”差不多，只不过这个杯是一个不锈钢的器皿，制造方法也一样，先将牛奶加热至68℃左右，拿起奶泡杯，将滤网在牛奶表层上下慢慢地抽动，经过那个滤网可以让空气平均打进牛奶表面，泡沫便会形成。第三种是电动打奶器，原理跟第一种一样，并且市面上也很容易买得到。

上述三种手动方法所打出来的泡沫都可以很细密，但效果当然比不上压力咖啡机打出来的泡沫，而且打出来的泡沫，温度会很快下降。

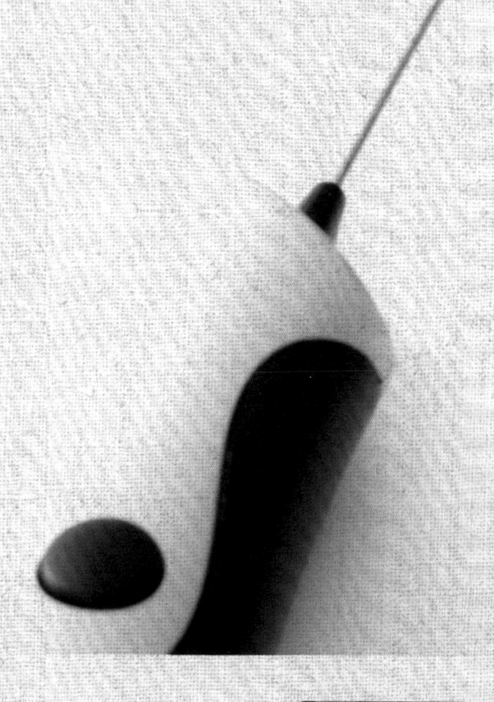

如何
保存咖啡

在内地、香港的超市或咖啡专卖店里所售卖预先包装好的袋装咖啡豆或咖啡粉，一般都不会少于200克，那么咖啡买回家后又如何储存呢？

书本所教的最常见方法，是将咖啡放入冰箱内冷藏。这个方法只有三分之一是正确，因为冰箱有将食物保鲜的作用，但如果将咖啡放进冰箱后，每一次要冲煮饮用时，从冰箱取出咖啡又再放回去，这一出一入之间咖啡所吸收的湿气（受潮）肯定会对咖啡造成非常严重的破坏。因此，如果一定要将咖啡放进冰箱内储存的话，建议先将咖啡按每次饮用的量分成若干份，用保鲜膜包好再放进密封袋内，这样咖啡质量所受到的影响会比较小。

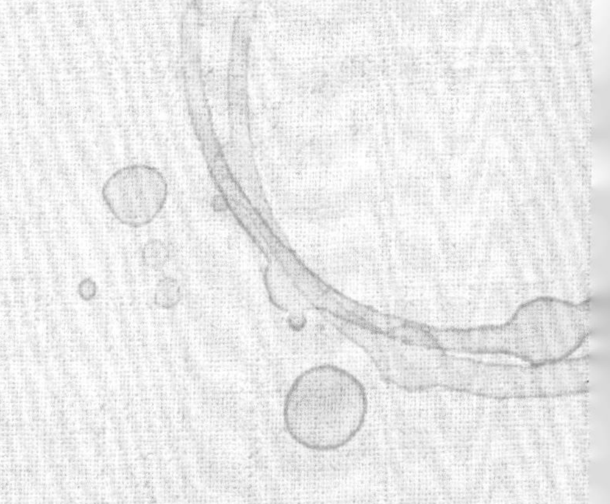

Airtight

密封瓶保咖啡香气

咖啡在开启后尽可能连同原包装袋一起放进密封瓶内，并存放在干爽阴凉的地方，存放位置要远离有机器散热的地方，例如冰箱、烤箱或微波炉等旁边，也千万不要用灯光照射装咖啡的器皿。一般来说，若存放得当，新鲜烘焙好的咖啡豆，以烘焙后一星期计算，在开封后最多约有9个月的保质期，这还要看咖啡豆的烘焙度；而咖啡粉的保质期比较短，约为3个月。

存放espresso咖啡豆比较讲究，因为咖啡豆是深度烘焙的关系，咖啡油挥发迅速及强烈。当咖啡豆和空气接触后，尤其是受了热空气的影响，咖啡豆光泽的油面很容易渐变成暗哑色，这时候咖啡豆便会产生一种霉味。开封后的咖啡豆必须要放进密封瓶内，

最好是放置在干爽阴凉的地方，千万不要放在冰箱内受潮。

在讲述“烘焙咖啡豆”的篇章内，提及在烘焙后便会产生了一个氧化的过程，咖啡豆会自动释放二氧化碳。良好的咖啡烘焙商人会将刚烘焙好的咖啡豆即时放进大麻袋内“焗”12~24小时，目的是令咖啡豆豆心膨胀，作用是释放咖啡的挥发油，然后放进密封罐内储存，再包装去发售。一般放在超市内的零售包装都会采用“抽真空”的方法、打进“氮气”、利用“单向透气阀”等方式去保存。一般咖啡豆的保质期约为一年，而咖啡粉则为6~9个月。开启饮用后，储存时间较短，但也要视储存方式而定。

顾名思义，抽真空是以真空机将包装内的气体抽出，但同时也会抽掉一些咖啡香气。抽真空的方法可以尽量保存咖啡的味道，保存期也会比较长久。打进氮气是令咖啡内的空气吹走，方法是利用氮气包围着咖啡豆的香气做原味的保存。而“单向透气阀”是将咖啡内的二氧化碳由包装袋内放出，防止了空气或其他气体从外层进入包装袋内，影响了咖啡的味道。买了咖啡后，务必要细看包装上的说明，因为如果咖啡在入密封储存时打进了氮气，咖啡在饮用前最少要透风1小时才可以煮制，否则味道可能会怪怪的。

Don't Kill Your Coffee

勿做咖啡刽子手

除了要懂得如何储存咖啡豆和咖啡粉之外，还应该了解当煮制好一壶咖啡后又应该如何去保存呢？

严格来说，新鲜煮制好的咖啡应该尽快喝掉，但很多时候人们煮制一壶咖啡，都不能一次喝完。在这种情形下，咖啡多被放在玻璃壶内，再放在咖啡机的电热板上保温。对咖啡来说，电热板就是咖啡的“刽子手”。当咖啡煮制后放在电热板上保温，咖啡就会立刻受到破坏，电热板令咖啡持续受热，咖啡原有的芳香气味会被蒸发掉并且氧化咖啡油脂，令咖啡产生酸味和涩味，时间越长，味道变得越坏。

曾经有一次在香港的机场餐厅内与家母一同喝咖啡，那杯咖啡的酸味和涩味真是难以形容，我立时向服务员反映，所得到的答案是咖啡每天都是这样煮制的，饮用完后便再煮制一壶新的。当时我向该服务员表示，那壶咖啡至少在电热板上放了20分钟，经查证后确实如此。

一般来说，咖啡适当的温度只可以维持在68℃~78℃之间，而且不应该持续受热。对我来说，咖啡持续受热10分钟已是极限了。所以，如果要解决上述问题，请转用保温壶吧！当煮制好一壶咖啡后，立即将咖啡倒入保温壶内，这是一个可以令咖啡保持适当温度，而又不会在短时间内破坏咖啡味道和结构的方法。在咖啡倒进保温壶之前，应该先用热水预热保温壶内的内胆，以免因为内胆温度低而令咖啡降温。

现在市面上有很多不同形状的保温壶，容量不需要太大，能够装到约4杯8盎司（1盎司约合28克）的咖啡便已足够。除了保温壶外，一些称为“真空壶”（vacuum air pot）的器皿，也可以用。

拼配咖啡的艺术

在咖啡世界里，喜欢咖啡的朋友都要求喝香浓咖啡，但香浓咖啡都不会是由单一款咖啡豆产生的，拼配咖啡就好像是钢琴演奏与管弦乐的分别，同一首曲子若单用钢琴演奏可能很优雅，但以管弦乐演奏便会给人澎湃的感觉。

在“认识咖啡豆”一节中，我曾经提到香浓咖啡的定义，多数是将阿拉比卡咖啡豆和罗布斯塔咖啡豆拼配而成，所以在欧洲的咖啡行业里有一些术语如70/30或80/20，意思是指阿拉比卡咖啡豆和罗布斯塔咖啡豆的比例，在“煮制好咖啡的5M定律”一节里，也说过好咖啡拼配的重要性。对于我来说，咖啡的拼配并不是1+1=2这么简单，也不是随意地将几款不同产区的咖啡胡乱地拼在一起就可以。

在拼配咖啡前，我们先要了解每一款咖啡豆的特性、味道、口感，更要知道当咖啡拼在一起时是否会产生不好的味道。原则上咖啡拼配时，还要知道那款咖啡豆的烘焙方法，所以最好是自己也懂得烘焙咖啡。

那应该如何去拼配咖啡呢？也许受到一些广告或资讯的影响，很多朋友都比较喜欢全阿拉比卡咖啡豆的拼配。简单一点的方法是采用一些味道接近的咖啡豆拼配，例如“极品哥伦比亚”（Colombia Excelso）配“坦桑尼亚”（Tanzania），或是“洪都拉斯”（Honduras）配“危地马拉”（Guatemala）。咖啡豆风味都比较接近，用豆的比例分量可以因个人口味去做出调整。

苏门答腊曼特宁 Sumatra Mandheling
哥斯达黎加 Costa Rica
危地马拉 Guatemala
洪都拉斯 Honduras
极品哥伦比亚 Colombia Excelsq
埃塞俄比亚 Ethiopia
坦桑尼亚 Tanzania
肯尼亚 Kenya
秘鲁 Peru

我并不太喜欢用高果酸性的咖啡豆去拼配，例如哥伦比亚特选级或夏威夷的科纳。拼配咖啡可以是千变万化的，我以重咖啡的品质视为主导，避免味道不协调。咖啡品质一般可分类如下：

品种	风味及口感
苏门答腊曼特宁 Sumatra Mandheling	甘醇，口感重
哥斯达黎加 Costa Rica	口感丰富，果味重带像香草的香气
危地马拉 Guatemala	果香味非常重，含果仁味，质感好
洪都拉斯 Honduras	香味及质感好
极品哥伦比亚 Colombia Excelso	果酸度平衡，味道醇厚
埃塞俄比亚 Ethiopia	香味及果仁味重，有不同的果酸味及酒香，有些产区甚至带微辛辣味
坦桑尼亚 Tanzania	果酸度平衡，味道醇厚
肯尼亚 Kenya	高果酸度，略带泥土味及酒香
秘鲁 Peru	香味及质感好，带辛辣味

可能受到法国和意大利咖啡拼配方式的影响，我在拼配上偏爱加上罗布斯塔，个人始终喜爱较浓的咖啡，所以也喜欢在拼配咖啡上加进苏门答腊曼特宁及带果仁味的咖啡。

巴西咖啡一般较为平淡，可以用来中和咖啡内的一些味道。现在大部分比较好的拼配咖啡都是用巴西咖啡配搭的。

咖啡豆是否可以先拼配后烘焙呢？答案是可以的。除了咖啡口味要接近外，最好豆子的大小也相近，而最重要的是豆子的含水率相差不要太大，否则烘焙后，含水率高的咖啡豆不能熟透，而含水率比较低的可能刚刚好，这样会破坏咖啡豆的味道。另外一个较为简单的方法是将每款咖啡豆单独烘焙，再按比例将每一款咖啡豆进行拼配。

正如“认识咖啡豆”一节内提到的，在拼配咖啡豆前必须要先了解所拼配的咖啡豆本身的味道，而且最好能够预先做一次测试。我在欧洲学咖啡时，“烘焙师及品鉴师会”要求我们先写下咖啡豆的磨法、用粉分量、煮制水温及饮用时的温度，更为重要的是拼配出来后的咖啡特性，包括：浓、果仁、苦、淡、果酸、酸、质感的厚薄、醇、涩和味道上的变化等（看下表），待拼配后在品尝咖啡时，看是否也一样。但请谨记，在外面购买咖啡熟豆时，每家烘焙商都有不同的烘焙方法，咖啡豆会因为不同的烘焙温度而产生不同的变化，同一款咖啡豆口感上也会因此不一样。如果没能先试饮咖啡的味道，不妨拿咖啡豆放在口内咬碎试味。如果是由自己亲自烘焙咖啡豆，则要多做尝试，找出个人喜欢的味道，再拼配。

日期：

咖啡豆种类和拼配比例：

磨度：

试饮时咖啡的温度：

列明由 1 至 5（ 1 是最高，5 是最低 ）

浓 strong	果仁 nutty	苦 bitter	淡 mild	果酸度平衡 acidity balance	酸 sour	质感厚薄 body rich or thin	醇 mellow	涩 harsh	由苦转甘味 bitter to lingering

在家
煮咖啡

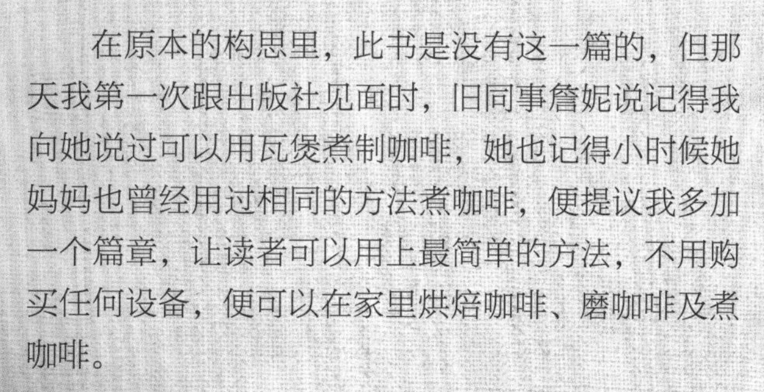

在原本的构思里，此书是没有这一篇的，但那天我第一次跟出版社见面时，旧同事詹妮说记得我向她说过可以用瓦煲煮制咖啡，她也记得小时候她妈妈也曾经用过相同的方法煮咖啡，便提议我多加一个篇章，让读者可以用上最简单的方法，不用购买任何设备，便可以在家里烘焙咖啡、磨咖啡及煮咖啡。

我当年在欧洲学咖啡时，做好一杯咖啡可以归纳为9的9次方（9^9），当中包括了：咖啡豆（单品或拼配）、烘焙方式、烘焙度、咖啡的分量、咖啡豆的磨法、煮制方法、不同的水、水的温度和不同的饮用方式。所以严格来说，咖啡是大有学问的，也是一个很复杂的东西。

当然，如果每一位爱咖啡的朋友都能够完全掌握上述的心得，那肯定是咖啡迷的级别。但对于一个初入门者，则可能会望而却步，那家中有什么可以用来烘焙咖啡、磨咖啡及煮咖啡的工具呢？其实，只要家中有平底锅、有锤子或石磨，加上瓦煲，就足够了。

在家烘焙咖啡豆 *Home Roasting*

用锅烘焙咖啡豆

首先，烘焙咖啡豆时可以用明火或电炉，但火力不可以猛，慢火或中火较为适合，否则咖啡豆会出现外熟里生的情况，而且在烘焙咖啡豆时，咖啡豆表面上的皮壳会因为受热而脱落，四处飘扬，如果带了火屑，还有可能引起火警。所以如果在家中烘焙咖啡豆，最好是在通风及空旷的地方，附近放些水以备不时之需。在烘焙咖啡豆时，平底锅内不需要加油，但要预先将锅加热，再将生咖啡豆放进锅内开始烘焙，每次不要放太多生咖啡豆在锅内，否则烘焙的时候，转动锅时会有些困难，而且手也会累，我认为每次烘焙100～150克便已经足够，时间12～15分钟，视烘焙度而定，当然也可以烘焙少于100克，都是看需要而定。

用精密烘焙炉
烘焙咖啡豆

用
基因烘焙炉
烘焙咖啡豆

用
锅烘焙的
咖啡豆

用
基因烘焙炉
烘焙的
咖啡豆

用
精密烘焙炉
烘焙的
咖啡豆

瓦煲煮咖啡

烘焙好咖啡豆后，如果家中没有研磨机，那怎么弄碎咖啡豆呢！只要家中有锤子便可以，先用纸包着咖啡豆，再用干净布包在外面，用锤子将咖啡豆慢慢地敲碎，要是家中有石磨，也可以先将咖啡豆敲碎，再放进石磨内研磨，当然这种磨法并不能够将咖啡研磨得很细。

最后便是用瓦煲煮咖啡了。在煲内倒进足够的水，然后煲至水面出现很多如虾眼大小气泡时熄火，等2分钟左右，将适量的咖啡粉倒进瓦煲，盖上煲盖，轻轻摇动瓦煲，让咖啡粉与水充分接触，3分钟后将咖啡倒出来，用滤网滤出咖啡粉，将咖啡倒进杯子便可以饮用了。

Brewing

18

喝得更开心

咖啡除了饮用和药用治自汗外，其实还可以用来做酱汁；凯蒂·邝会在家中焗不同味道的面包，也有咖啡味道的，曾送给我品尝，味道也不错；罗恩还告诉我她做的咖啡布丁味道也很好！

其实不只是这样简单，咖啡更可以维系人与人之间的关系。我以前的同事詹妮由喝咖啡会胃痛，到爱上了咖啡，甚至现在会为她的亲人煮咖啡，包括她的母亲、姐姐及姐夫，当然少不了她的丈夫托尼。托尼告诉她，她煮的咖啡令家中添了很多温馨的感觉，相信她会将这种从未想过的奇妙感觉传播出去，与其他人分享。

小时候在店里做暑期工，每当磨咖啡豆时，香气四溢，由波斯富街的位置，远至鹅颈桥的大三元酒家都可以闻得到，常有客人经过，因为受到香气的吸引而到店里买一杯（约100毫升）咖啡。所以我多年前曾在一篇访问内说过，咖啡的香气是可以缩短人与人之间距离的。

有天晚上，在Safety Stop的咖啡店遇见了医院化疗病房的一位护士好朋友斯蒂芬和他的女朋友安吉尔。我曾经在病房冲泡咖啡给斯蒂芬喝，也示范如何将咖啡冲泡得好一点。安吉尔跟我说，斯蒂芬以前是不喝咖啡的，或只喝一些品牌店的加奶咖啡，而她本身是接受黑咖啡的。所以有一天，当斯蒂芬为她用最简单的“过滤式咖啡漏斗”冲煮咖啡，她很感动，觉得很甜蜜。我对他们说，对着自己喜欢的人去冲煮咖啡，那种温馨和充满无限的爱是最真实的，他们都不约而同地笑着点头同意。太太后来告诉我，看见他们在离开时，手拖着手满脸欢笑地走下斜路，那情景真的很令人羡慕。

我自问不是一个美食家，所以当出版社谭小姐说希望写一些喝咖啡配美食时，对我来说真是一大难题，幸好我的好朋友Safety Stop的咖啡店店主福克·麦先生愿意做一次特别的咖啡餐，让我和朋友可以一起品尝咖啡餐。

至于有些朋友会问，用什么食物配咖啡最好呢？对我来说，在喝咖啡时，不需要有什么特别的食物，最重要的是看心情，哪怕只是喝着咖啡看蓝天白云，心情愉快便已经是最好的配搭了。

Kopi Dinner Menu

野生猫屎咖啡

法国新鲜生蚝

鲜带子沙拉

法国鸭胸意大利饭

波多黎各香草焗美国天然猪排

自家制特浓意大利芝士饼

野生猫屎咖啡
法国新鲜生蚝

客人在享受咖啡餐前，应该是饥肠辘辘的；首先品尝野生猫屎咖啡，野生猫屎咖啡能刺激口水分泌，回味强，可以维持半小时以上，香味好似波涛在口腔中不停翻滚；再品尝新鲜、没有任何调味料的法国生蚝，带出生蚝的鲜甜之余，更可令客人胃口大开。

鲜带子沙拉

带子味道鲜甜，沙拉也只浇上醋汁，以突出食物清鲜原味为主，所以用简单味淡的哥伦比亚特选级咖啡做酱汁来配衬。

法国鸭胸意大利饭

鲜嫩的新鲜法国鸭胸，配上用Milano Delight煮的意大利饭，和那浓浓好似意大利陈醋的Milano Delight酱汁，品过咖啡香之余，也可细细品味异国风情。

*Milano Delight，有意大利咖啡风味的拼配咖啡

波多黎各香草焗美国天然猪排

波多黎各咖啡，淡口但果香味丰富。将咖啡磨成粗粒，撒在猪排上，煎至微黄再烤焗，整件猪排充满咖啡香，伴上波多黎各咖啡和肉汁制成的酱汁，真是美味！

自家制特浓意大利芝士饼

以特浓意大利芝士（奶酪）饼配上espresso，为完美的晚餐划上完美的句号。

Coffee Jinjiepian

咖啡·进阶篇

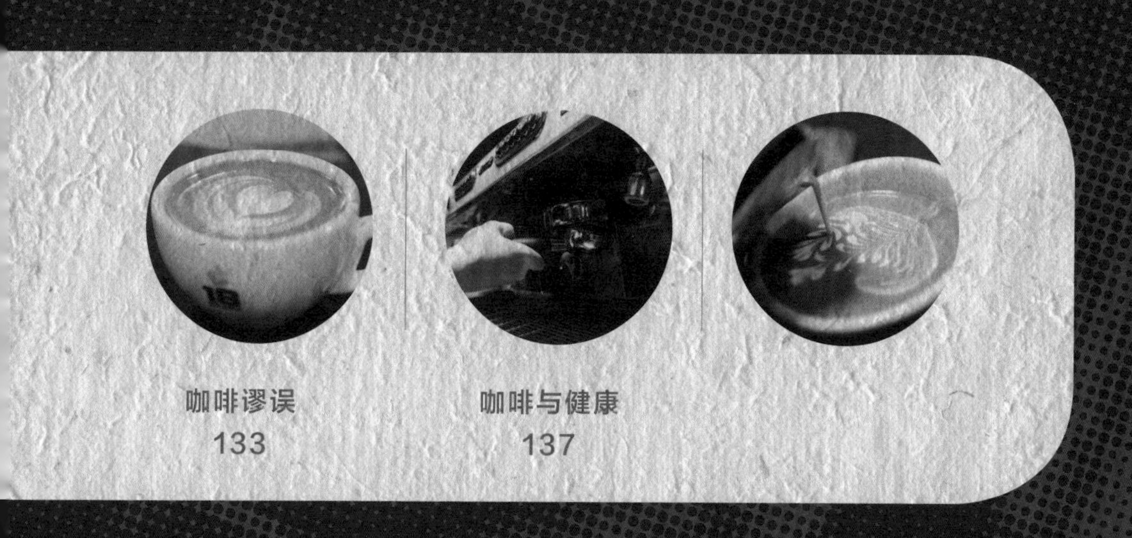

咖啡竟然和健康扯上关系！
可以有助治疗自汗？
去黑眼圈兼排毒？
咖啡对身体是有益处还是有害处，一直都是众说纷纭，
喜欢咖啡的人会说好，不喜欢的人会说不好，
看看“咖啡与健康”的文章吧，你会得到答案。
本章也让你学会怎样品评咖啡、认识煮好咖啡的5M金标准和咖啡词汇。

品评咖啡

很多朋友都会听说过甚至参加过一些试酒会或品酒会，不过咖啡鉴定会（cupping）恐怕会比较少参与。咖啡鉴定会以往都是一些咖啡业内人士，或称为咖啡鉴定家、咖啡鉴赏家（英文称作coffee taster，也有称为cupper）才可以参与的聚会。但时至今日，这些聚会已经开始普及化了。我近年来曾经被邀请参加在内地举办的咖啡鉴定会，虽然跟欧美比较，可能不够专业，但十分热闹。

咖啡鉴定会一般都会品尝几个产区的咖啡，可能是同一个国家不同产区，或不同国家的咖啡豆作比较。咖啡鉴定会跟试酒会或品酒会一样，都有一些明确的规定和标准去鉴定咖啡，对于一些初学咖啡的朋友来说，咖啡鉴定会肯定是一个新玩意，但要从中找出那些特征的区别，对一般的初学者来说可能有些困难，不过我认为多知道一些咖啡的知识也不错。

说到试味，由于每个人的口感和味觉都不同，所以试味并不是一种机械式的操作，还包含了个人口味上的复杂性。我在欧洲也曾经参加过一些咖啡鉴定会，除了基本上对咖啡豆、烘焙度和研磨度的要求、水和杯子的讲究外，连温度也有规定。这里所指的温度，包括了煮制好咖啡落杯时和喝咖啡时的温度，甚至连室内温度和湿度也有标准。基本上落杯时的咖啡温度要求是80℃，而喝咖啡的温度约为65℃，室温的要求是20℃～25℃，室内湿度最好是50%～70%；室内不可放置鲜花装饰或有任何香气的东西，避免破坏了品评咖啡时的味道。

各位朋友可以在仔细品鉴各国不同产区的咖啡后，再结合自己的口味去寻找适合自己的咖啡味道。如利用自带的小型烘焙机去烘焙某一款咖啡生豆，然后按照先前提及的品评方式做出相类似的鉴定；也可以用小磨机将烘焙好的咖啡豆做不同程度的研磨，并再次品尝和鉴定，在反复测试和验证的理论基础上，我相信各位朋友对咖啡的认识会更进一步。

Coffee Beans
咖啡豆

要品评咖啡，首先要对咖啡豆做出评估，一般都会是新近收成的咖啡豆（new crop），记下它们的外观和颜色。接着要去看已经烘焙好的咖啡豆，记下那些咖啡豆在烘焙后膨胀的程度和色泽，再将咖啡豆浸在热水内。此时，鉴定家会去嗅闻那款咖啡的味道，在三四分钟后用咖啡匙轻轻搅拌，然后用咖啡匙将咖啡豆端上来再嗅闻一次；将杯面上那层泡沫除去后，便可以正式品尝了。将咖啡豆用咖啡匙端起放入口中，把咖啡豆咀嚼后连水一同吐出，专业鉴定会一定会备有桶用作吐出咖啡渣滓之用，所有被鉴定的咖啡豆样本都会做同一测试，并将每一款咖啡豆样本详细记录。每位鉴定家的口味或口感都不一样，他们都会有自己的评定方式。

接下来，如果鉴定家认为该款咖啡豆需要进一步测试，可以要求将咖啡豆研磨至某一个磨度，再将咖啡粉浸入热水中，同样用上述的方法去品尝和鉴定，再做另一个记录。经这样多次品尝后，便会寻找出咖啡的真正味道，作为日后无论是单品或拼配（混合）咖啡的一个参考。

咖啡豆的外观大小虽然相差无几，但用上述的鉴定方法便可以测试出哪一个品种的咖啡是浓味、是果酸味或是坏酸味、含有酒香味或泥土味、木味等。不同品种的咖啡豆，都会在口中产生种种不同的味道和感觉。

研磨度 Grinding

在研磨不同咖啡豆时，应该要注意是否有咖啡粉残留在磨豆机内，如果处理不当，会影响咖啡的味道。研磨咖啡也要设定一个标准，在本书第43页“研磨咖啡豆”中有提到浅炒的咖啡不可以细磨，深度烘焙的咖啡不应该使用粗磨，基本上如果所品评的咖啡是中度或中深度烘焙，我认为最好是使用白砂糖般的大小粒状作为一个指标；这时候可以将研磨好的咖啡粉放进杯子内，也可以轻轻将咖啡粉拍实。

Water 水质

在品评咖啡时，所选用的水也非常讲究，要使用低矿水（最好是pH 6.5～7.5），切勿使用蒸馏水或自来水，那样会破坏咖啡的味道。水的温度和水量也必须要准确。倒进热水时，最好是加水至接近杯子的边缘。倒进热水后，即时去嗅咖啡及试一口，因为这会给你第一个新鲜咖啡的嗅觉；开始用品尝匙去做轻微搅拌，约3分钟后再闻一次及再试一口；经过数分钟后，咖啡温度会下降而咖啡的香气和第一次的会不一样；要赶快地将那在口腔内的香气感觉写下来，不用介意所写的是什么字句，可以是花香、泥土味、青草味等。日后，当你可以掌握到一定的品尝技术时，同样的步骤再做一次，你便会发现第一次和后期的差别，从而领略到在咖啡鉴定中的乐趣。

杯子 Cup

杯子的选择也是一个重要的元素，建议使用透明斜圆形底部的玻璃杯，因为可以更容易观察咖啡的色泽。此外，斜圆形底部的杯子，杯身上部一般都会是阔口的，除了在加进热水时所产生漩涡会有均匀的效果外，在闻咖啡香气时，也会比较容易。

掌握了鉴定咖啡的技术后，还要懂得鉴定咖啡时所用的一些标准词汇，用来描述和记录所品评的咖啡：

咖啡种类 Types Of Coffee	罗布斯塔豆、阿拉比卡豆或有机优质豆等
味觉 Taste	圆润、带甘味、醇、苦、浓、柔和或带涩味等
酸味 Acidity/Sour	果酸、坏酸、过酸、轻酸等
新鲜度 Freshness	刚收获、半年收获、一年收获、陈年豆（aged）等
粒状外观 Size & Shape	粒重、粒轻、大粒、中粒、小粒、色泽等
瑕疵 Defects	含草青味、带有霉味、有腐臭味、含淤泥味等
品评咖啡 Tasting/Cupping	水洗豆、日晒豆，深度烘焙豆、中深度烘焙豆、中度烘焙豆、轻度烘焙豆等
香味 Aroma	弱香味、轻香味、强烈香味等
饱满度 Body	全饱满（full body）、相当饱满、不够饱满、饱满较差等
整体性评核 Overall Tasting/Cupping Evaluation	完全接受、可接受的、不能够接受

因为每人的口味和喜好不同，咖啡鉴定只是去订立一个基本标准，而不是去判断咖啡的好与坏。在累积到一定的经验后，各位朋友可以从另外一个渠道去考证自己的咖啡拼配技术，可能找到一款自己所喜爱的拼配咖啡，那一种喜悦和成功的感觉很难用笔墨形容。

煮制好咖啡的
5M金标准

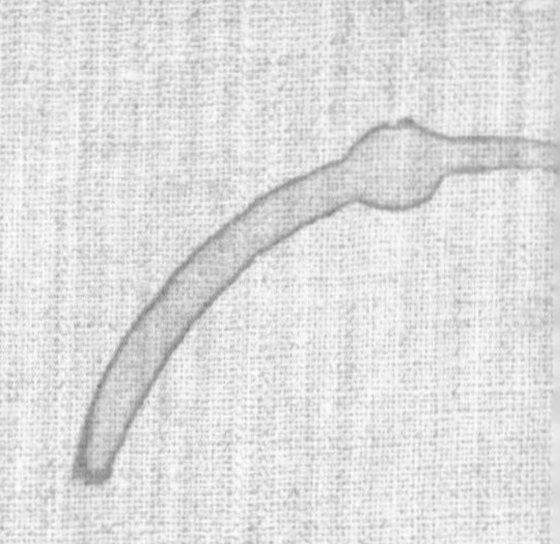

在欧洲，无论是法国、瑞士、意大利、德国或西班牙，在讲解咖啡的时候都会说一个名词：5M金标准，那什么是5M金标准呢？

M1 Good mixed rule

咖啡豆的拼配

即是要有良好的咖啡豆拼配方式，包括了阿拉比卡和罗布斯塔咖啡豆的拼配。很多人都认为咖啡拼配只是将不同的咖啡豆按比例或不按比例地混合在一起便可以；但其实我们要清楚了解咖啡的真正味道，每款咖啡豆在不同地区生产，会有不同的风味，加上豆子本身受到不同含水率的影响、烘焙商的不同烘焙方法，都会令咖啡豆产生独特的口味和结构感，所以要配制一款好味道的咖啡豆，必须要掌握和拥有丰富的咖啡知识。

Good Machine M2

咖啡机

这里所指的是压力咖啡机（espresso machine）。一台好的压力咖啡机，它的蒸汽锅炉容量必须要够大，才足以令水温稳定、产生足够的蒸汽压力和足够的制动咖啡压力。我们更要明白它的热水起动方式，必须将咖啡机调校至最好的状态，才能够煮制一杯香浓美味的咖啡。

Good mill (grinder)

磨豆机

大多数朋友都忽略了磨豆机的重要性。一台性能良好的磨豆机，可以在咖啡粉的粗细度研磨里取得平衡，也可以令咖啡粉释放出应有的香气和咖啡味，诱发出令人想喝咖啡的意愿，与及在煮制咖啡时产生的浓郁味道。

Good maintenance

维修保养

很多咖啡店主都忽略了定期维修保养和清洁咖啡机及磨豆机的重要性。当一台机器运行了一段时间后，有些零件、配件必须要定期清洁、清洗甚至要更换，以确保在煮制咖啡时得到最佳效果。请谨记，一台优质咖啡机和磨豆机才是一间咖啡店的主要生财工具。

Good man

操作人员

这里所指的是制造咖啡的人，不分男女。一个在咖啡工作岗位上能够随时随地都可以冲制一杯好味道咖啡的人，他必须具备良好的咖啡知识，懂得因客人的要求及口味去煮制一杯浓烈、中度或淡而纯的咖啡。

请各位热爱咖啡的朋友和咖啡从业员谨记，煮制咖啡的四字真言：“心无旁骛”，这样才可以煮制一杯朋友既满意而自己又喜欢的咖啡。

咖啡词汇

咖啡的用语和词汇也有很多，我现在将一些关于咖啡的专用词汇详列出来，让各位在品尝咖啡时，可以运用专业用语去形容那杯咖啡。

果酸 Acidity	无论是高果酸或是果酸性强的咖啡，味道会使口腔内有一种尖锐但舒服的感觉，甚至有朋友认为咖啡在口腔内有像拍掌的声音。通常喜欢喝高果酸类型咖啡的朋友，会形容在杯子里的咖啡充满了生气和活力。果酸性也有分为高、中和低，而没有果酸性的咖啡则会被形容为平淡或平平无奇。一般来说，生长在高原上的咖啡豆果酸性都会比较高，尤其是用水洗法处理的阿拉比卡咖啡豆
香味 Aroma	通常是指在煮制咖啡或饮用时所发出的咖啡香味，但有些时候煮制咖啡时是会没有咖啡香味的。咖啡香味可以是轻微或强烈，也可以是清淡或带有花香的，讲究的是一个在口腔内的整体感受
烤味 Baked	一般用来形容那些没有完全烘焙好的咖啡豆，最明显的例子是经烘焙后的咖啡豆在咬开后，内外颜色不一样，大多数是外面呈深色而里面是浅色，主要原因可能是火力太猛而烘焙炉转速太慢，或火力太猛加上烘焙炉转速太快所致。我在内地见到的情况则是以后者居多
苦涩味 Bitter	喝咖啡后，在舌头的后方（舌根）产生一种非常不舒服的感觉。苦涩味通常是煮制咖啡的时间过长，或是因为不恰当的烘焙而产生的，也可能是受咖啡豆的质量影响
口感 Body	喝咖啡时在口腔内所产生的反射感觉，煮制出来的咖啡结构可以是水稀稀的、薄弱的、淡浅的、没有层次的、无变化的、丰满的、有深度的、带甜的，甚至可以是像黄油或带有油性的

烧焦 Burnt	咖啡喝下去时充满苦涩味，而且带有像炭的味道，一般出现在深度烘焙的咖啡豆。但必须要分清楚，咖啡豆是真的在烘焙过程中烧焦了，还是像意大利式的深度烘焙或是日本式的炭烧咖啡，因为有很多朋友分不清楚咖啡豆的烘焙方式，容易产生误解
黄油 Buttery	通常是指在煮制咖啡时将咖啡豆心内的咖啡油逼了出来，由压力咖啡机所煮制的咖啡都会有这样的效果，所以在口感上会有丰满和咖啡浓烈味道的感觉
肉桂 Cinnamon	有肉桂的香味，通常从一些较为细腻的咖啡中渗透出来，但切勿把加入了肉桂味糖浆、肉桂味香料的咖啡或是烘焙方法的名称cinnamon roast（肉桂烘焙）混为一谈
清新味 Clean	这是指一些经过特别处理的水洗咖啡豆的特征，而并不是单指咖啡的清纯味道
肮脏味 Dirty	充满了混浊和难闻的气味，在嗅觉上也很难接受，通常用来形容那些有过分混浊泥土味或有淤泥味的咖啡，这种味道大多数出现在那些没有处理好或品质非常低的咖啡豆身上
泥土味 Earthy	咖啡一入口，舌头上混合了口水的第一反应，像带有泥土混合了新鲜青草的味道，但又不是肮脏味那种感觉，通常那些用日晒法处理的咖啡豆里会有这种味道
特别味道 Flavour	指咖啡的整体性印象，包括了香味、果酸性、厚度和质感。咖啡的整体感觉和味道可以是浓烈、醇厚和平淡的，也可以用差劲、普通或尚可去形容。在一些咖啡豆产区，有时更会用辛辣味、巧克力味、果仁味或橡胶味去形容咖啡
平淡 Flat	形容咖啡缺乏了应该有的果酸味，完全没有质感和层次，也没有咖啡的特性，只是一杯平淡无奇的咖啡饮品
新鲜 Fresh	通常是指那些烘焙好而又已经完全释放了二氧化碳气体的咖啡，这种咖啡在研磨时必定会产生大量令人醉倒的香气

果味 Fruity	很多朋友都对这个词语有误解，以为咖啡有果味便是好东西，更有一些朋友形容为高果酸。果味是用来形容咖啡果实过分熟透所产生的味道，像有一种霉味，这些豆子的含水率会比较高。如果烘焙不佳，很容易产生较为苦涩的味道。通常咖啡含有新鲜的水果味，那咖啡肯定是水洗豆
青草味 Grassy	有青草味道的咖啡就好像喝了烧青草味的东西，这种情况可能是种植场使用污水灌溉咖啡树，或是咖啡豆还未成熟时便采摘下来，也可能是咖啡豆没有完全烘焙熟透所引起的味道
硬味道 Hard	这正是甜与温和的相反词，通常用来形容咖啡味道里含有金属味，类似铁锈味
苦涩味 Astringent/Harsh	咖啡味道非常苦涩，是因为唾液中的酶类混合了咖啡，经过分解后所产生的结果，这会令口腔内出现干燥的感觉。一些非常低等级阿拉比卡咖啡豆及平价的罗布斯塔咖啡豆，行内称为 20/25，多数会有这情况出现
花香味 Flowery	满杯咖啡充满了新鲜和浓郁的花香味，喝进口里时甚至像有蜂蜜的味道，通常出现在那些经过特别处理和百分百水洗的阿拉比卡咖啡豆内
巧克力味 Chocolate	咖啡的拼配和烘焙方法令咖啡产生了有浓烈的可可豆味道，更甚者会带有香草味道，欧洲人称赞这些咖啡为“经典之作”（classical coffee）
焦糖味 Caramel/Roasted	通常是咖啡在烘焙过程中所产生的变化，咖啡豆的糖分被分解后得出来的效果，如果是中深度或更深度的烘焙，效果会更加明显
皮夹味 Hidey	通常储存不好或已经过期很久的咖啡豆都会有好像臭皮革的味道
温和 / 适中 Light	咖啡无论在味觉上，还是香味和果酸的平衡上都是刚刚好，并没有太大的感觉或惊喜，可用作形容为一杯不过不失的咖啡

醇和 Mellow	口感比较清淡，咖啡味道不强烈，果酸性和咖啡质感都比较低
霉味 Musty	带有发霉的味道，无论在嗅觉和饮用时都弥漫着令人难受的味道，这一般都是因为储存不善而令咖啡豆受潮所致
中性 Neutral	通常用来形容大众化的咖啡，咖啡质感欠佳，也不会有特别的感觉，不太好也不太差，属于一杯可以接受的咖啡饮品
果仁味 Nutty	咖啡内带有浓烈的果仁香味，像杏仁或花生的果味，喝后令人畅快，口感好，通常咖啡豆在烘焙后封存在麻袋内 24 小时后会有这种味道
陈腐味 Rancid	一般出现在过长时间储存的深度烘焙咖啡豆中，因为深度烘焙的咖啡豆油性比较高，而咖啡豆在长时间氧化后会产生腐败的味道
丰满 Rich	咖啡的口感非常好，质感厚及在饮用时带有不同层次，咖啡回甘味在口腔内历久不散
腐臭味 Riato/Rio-y	有些像红酒瓶软木塞、红酒坏了时不好的味道，或是用来形容那杯咖啡有强烈的防腐剂或消毒剂味道，好像在医院里所闻到的药水味一样。这种味道的来源，是因为咖啡豆在种植过程时可能吸取了一些氯化物而产生的，另一个原因是咖啡豆在干处理法过程中混入了一些非常差劲的咖啡豆
橡胶味 Rubbery	咖啡内含有烧焦了的橡胶臭味，可能是采用了非常坏的豆子烘焙的，也可能是在磨豆过程中因为磨盘所产生过高的热量令咖啡粉变质
柔和 Soft	一般用来形容低果酸度和清新的咖啡
酸味 Sour	对咖啡有认识的朋友，一定不会将“酸”（sour）和“果酸”（acidity）混淆，含果酸性的咖啡可以是一杯带有质感的咖啡，令口腔内和舌头觉得舒服；而一杯带酸味的咖啡会令人厌恶，因为无论在香味或味道里都没有了咖啡那种令人陶醉的感觉，很多时候也会令牙齿不舒服

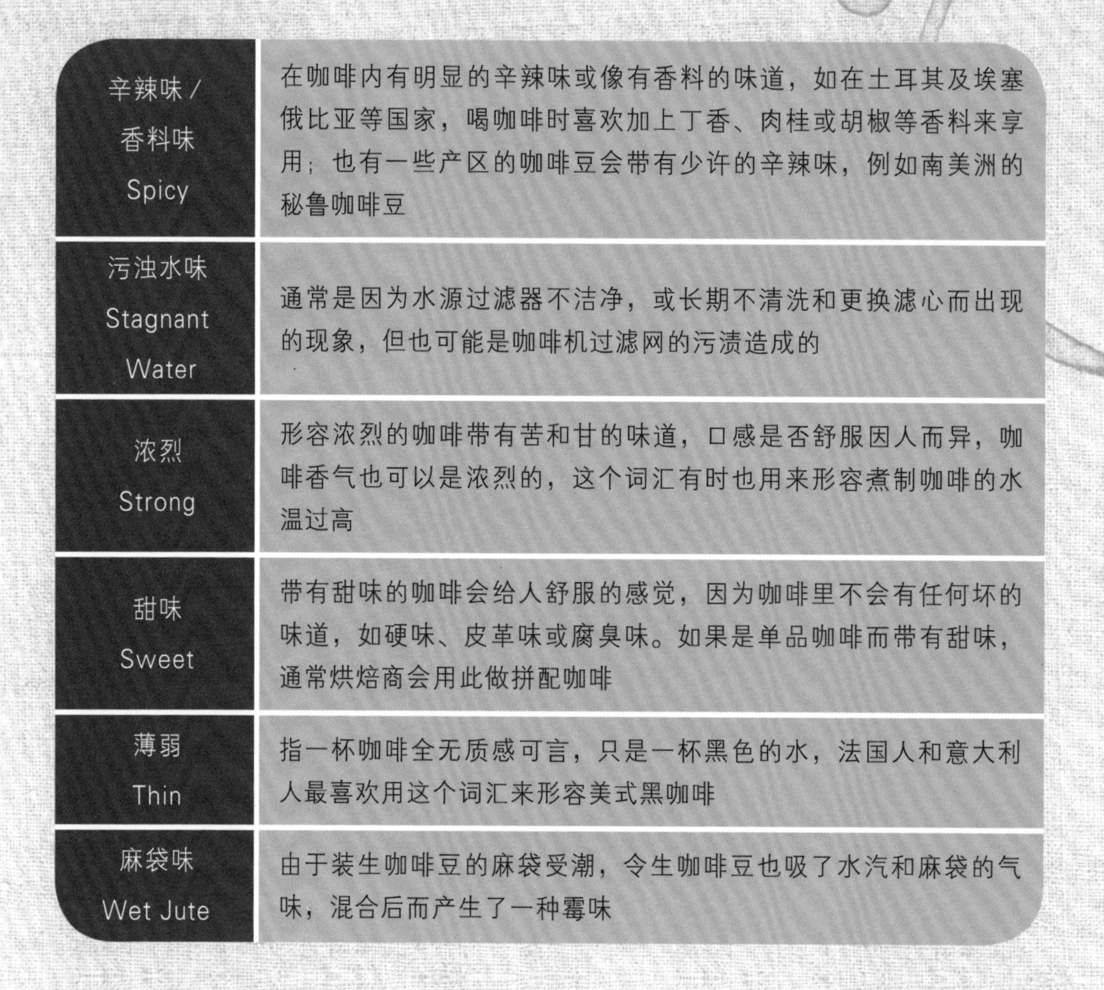

辛辣味 / 香料味 Spicy	在咖啡内有明显的辛辣味或像有香料的味道，如在土耳其及埃塞俄比亚等国家，喝咖啡时喜欢加上丁香、肉桂或胡椒等香料来享用；也有一些产区的咖啡豆会带有少许的辛辣味，例如南美洲的秘鲁咖啡豆
污浊水味 Stagnant Water	通常是因为水源过滤器不洁净，或长期不清洗和更换滤心而出现的现象，但也可能是咖啡机过滤网的污渍造成的
浓烈 Strong	形容浓烈的咖啡带有苦和甘的味道，口感是否舒服因人而异，咖啡香气也可以是浓烈的，这个词汇有时也用来形容煮制咖啡的水温过高
甜味 Sweet	带有甜味的咖啡会给人舒服的感觉，因为咖啡里不会有任何坏的味道，如硬味、皮革味或腐臭味。如果是单品咖啡而带有甜味，通常烘焙商会用此做拼配咖啡
薄弱 Thin	指一杯咖啡全无质感可言，只是一杯黑色的水，法国人和意大利人最喜欢用这个词汇来形容美式黑咖啡
麻袋味 Wet Jute	由于装生咖啡豆的麻袋受潮，令生咖啡豆也吸了水汽和麻袋的气味，混合后而产生了一种霉味

低等级及平价的罗布斯塔咖啡豆（左）、高质量的罗布斯塔咖啡豆（右）

咖啡谬误

很多时候，人们在喝咖啡时，会出现一些常犯的错误

现在最常见到的咖啡谬误是无论客人点卡布奇诺或拿铁，服务员端上来的咖啡饮品都是同一模样，即是在咖啡的表面上做了“拉花”的款式。卡布奇诺在意大利文是指泡沫，而拿铁则是指奶泡。

01

在餐饮市场上，无论是快餐店，还是星级酒店、高级餐厅，又或者是咖啡专门店，很多时候都会犯一个最严重的错误：贪快。煮制一杯好的即磨咖啡有一定的过程，包括磨豆、咖啡豆分量、压粉、煮制咖啡的水温、咖啡机设定的压力及水量，都有严格的要求和规范。例如煮制一杯即磨咖啡的基本时间是18秒至25秒，但很多时候我们所见到的咖啡制作过程由磨豆到冲制出来只有10多秒，这样完全是破坏了整杯咖啡的生命。其实，要饮一杯好咖啡必须要有耐性，跟喝红酒一样，有时候那瓶红酒也要透气一段时间才可以喝呢。

02

03

有时候，客人会投诉说咖啡味道如何不好，咖啡店或餐厅负责人会联系咖啡供应商要求更换咖啡豆，而很多供应商也会跟随着去更换咖啡豆而不去寻找真正原因。除了上述第2项的一些情况外，另有一个更大的可能原因是水的问题。香港水质是“AAA”级，但相信很多人都没有留意到我们的地下水管有多少年历史或水管所采用的材料，而水里面最常见到的是碳酸钙，碳酸钙也是破坏咖啡味道的最大元凶。我们应该要了解所用的是“软水”还是“硬水”。装置软水器会改善咖啡味道，但要谨记定期清洗软水器。

04

相信喜爱咖啡的朋友都知道磨豆过程占了一个很重要的位置，必须了解不同咖啡豆的研磨度。简单来说，是细磨、中磨还是粗磨呢，都要很准确，才能够找到那款咖啡豆真正的味道。准确调校磨豆机的磨度及经常地去清理机内的磨刀也相当重要。切记磨豆机只是用来磨已经烘焙好的咖啡豆。切勿掉下一些细小的金属物件，例如将万字夹等落在磨豆机内，以免令磨刀损坏而影响了磨豆的质量。

05

关于咖啡粉的分量和压粉，基本上，压力咖啡机由于盛粉器的设计和限制，每一杯都会使用7克咖啡粉，但也要看咖啡豆的磨度而决定，可以是7～8.4克，而用过滤式或虹吸式咖啡壶则可以使用10克咖啡粉。压粉的最基本原理，就是要将咖啡粉和空气之间的密度降低，令水流在经过咖啡粉过程当中，令咖啡粉不会浪费掉。常见到很多咖啡工作者在制造咖啡过程当中，用尽了全身的气力去压粉，认为这样才更加可以造出一杯好咖啡。我认为这已经有点走火入魔，因为机械化的压粉装置，只有20公斤的设定压力，而且只压一下而不会再加大力度向下压的。

06

关于水温的问题，所指的是在制造咖啡时，咖啡与水的接触点（contact point），在欧洲会是86℃～90℃，但在亚洲一般人都可以接受比较热的水温，再加上室内有空调的关系，咖啡机的温度很多时会设定在92℃～94℃，而咖啡滴进杯子里为75℃～82℃，饮用时则为65℃～70℃。切勿认为要使用100℃才可以煮制一杯好咖啡，如果用100℃去冲制咖啡，会产生不必要的焦味，而咖啡有如云石般（marble face / coffee crema）的表面，也会因为过热迅速消失。香港曾经有五星级酒店要求将压力咖啡机温度调校至110℃，说这样的咖啡才会够热和更好味道，这也是谬误。

07

不少人将冷却后的咖啡放入微波炉内加热，这个做法最要不得。因为在再加热后，咖啡的香气会尽失，而且咖啡会产生化学变化而令味道受损变酸。请爱好咖啡的朋友，不要将冷却了的咖啡再煮或加热！如果真的是因为一些原因而不能够即时饮用刚冲煮好的咖啡，请用保温壶或“真空壶”（vacuum air pot）存放吧。

08

外卖咖啡杯的盖子上有一个小孔，有时候会见到有人从那个小孔喝咖啡，或放一根像吸管的搅拌棒去啜饮。正确的喝法应该是揭开那个盖子，将杯子放在嘴边饮用。

09

不少朋友在试咖啡时，会将杯子离近鼻子闻一闻，去判断咖啡的香味，实际上香味是一个在口腔内整体的感受。

10

咖啡杯子其实也讲究“身材”。我在欧洲见过的咖啡杯，绝大部分是厚厚的沉甸甸的，都是一个斜窝型，且近杯耳位置有一突出的厚度。据意大利人告诉我，那款杯子的设计，盛咖啡的分量只会刚到那个位置，确保咖啡的温度及尽量保持咖啡气味留在杯中，所以咖啡杯不应该是薄的。可是，我曾经在香港一间五星级酒店内，听到一位餐饮部经理侃侃而谈，说他们的酒店是用英国一种著名的瓷器去盛装咖啡的，但其实那个牌子的瓷器杯子是薄薄的骨瓷，是用作喝茶而闻名的。

11

很多朋友对咖啡都有一些误解，往往认为喝咖啡会提神，而且只有在早上才可以喝，过了下午某一个时间后便不可以喝，因为害怕那天晚上睡不着觉。其实，哪一段时间喝哪一款咖啡都是很讲究的。一般来说，为了在早上能精神百倍地工作，一杯浓烈的咖啡是必然的首选，例如意大利人和法国人早上必定喝espresso而不会喝其他类型的咖啡。要谨记的是，早上不要喝含高果酸性的咖啡。

咖啡与健康

咖啡对身体是有益处还是有害处，一直都众说纷纭，喜欢咖啡的人会说好，不喜欢的人会说不好。我第一次接触有关咖啡的研究报告，是1997年于报纸上读到一位日本教授在美国加州大学戴维斯分校发表的研究成果。该报告指出，咖啡在煮制好后的10分钟内所发出的香气，人嗅闻后可吸收抗氧化剂，同时咖啡内的咖啡因除了有提神的功效外，还可帮助消化。报告还指出，喝咖啡可以加强心脏内的血液循环，有增强心脏功能之效。

随后2004年我在互联网上读到一篇“哈佛大学咖啡研究报告”，由纳扎里奥教授发表，研究时间长达18年，接受实验人数共有126000人，应该是一份比较详尽的研究报告。我尝试翻译该份报告，供大家参考。

1. 每日饮用1～3杯含咖啡因的咖啡，可以降低患糖尿病的风险。
2. 如果男性每日饮用超过6杯咖啡，可以大幅度降低患糖尿病的概率，降幅度达54%；对女性来说，也可以大幅度降低患糖尿病的概率，可降低30%。2003年一份德国的咖啡研究报告也得出了相类似的研究结果。
3. 近年来，已经有超过19000份咖啡研究报告发表，当中均显示咖啡对身体健康有正面的影响，甚至推翻了以往的一些讹传误说，而在美国饮咖啡的人已趋年轻化。

4. 范德比尔特大学咖啡研究所的托马斯博士更指出“喝咖啡好过不喝咖啡”。

5. 托马斯博士指出最少有6个研究报告都显示：

   a. 日常将咖啡作为饮品的人，有80%的人可以减少患上帕金森症（Parkinson's Disease），主要原因是受到咖啡因的影响，其中有3个研究报告更指出“适量饮用咖啡，有助于降低患帕金森的概率”；

   b. 其他报告也指出每日两杯咖啡，可刺激肠胃激素令肠道蠕动量增加，产生通便作用，与不喝咖啡的人士比较，患结肠癌的概率会降低25%；

   c. 每日喝两杯咖啡的人比不喝咖啡的人，患肝硬化的概率减少80%；

   d. 每日喝两杯咖啡的人比不喝咖啡的人，患胆石症状的概率减少 50%。

6. 哈佛大学咖啡研究报告同时指出，多饮用咖啡可以减少患心脏病及肝病的概率。

   a. 报告也指出喝咖啡会令呼吸道扩张，如果在缺乏或无适当药物的时候，有可能帮助哮喘病人缓解症状。

   b. 报告指出咖啡含有咖啡因，有助于刺激大脑和神经系统，从而减轻疲劳；适量饮用，对治疗哮喘和头痛也有帮助，报告还指出有些止痛药内会含有咖啡因。

   c. 报告同样地指出，咖啡内含有的咖啡因能够使肌肉产生强大收缩及在短时间内加强体能和动力。

   d. 最后，报告指出在头痛或情绪低落时，喝咖啡可以舒缓不适，令人精神振奋，心情轻松；咖啡更可以防止蛀牙。

另外，日本国家癌症中心（Japan's National Cancer Centre）在2008年9月发表了一份研究报告，有一个长达15年关于子宫颈癌的调查，参与妇女共有54000位，年龄分布由40～69岁。调查结果显示，每天喝三杯咖啡的女士比每天只喝两杯咖啡的女士，患上子宫颈癌的概率降低了60%。

以上的资料都只是一些参考资料，是否真的实用也未可知，因为也有医学研究报告指喝咖啡会令人体内的钙质流失，增加骨质疏松的风险。但不知道是否因咖啡越来越受欢迎的关系，近年来很多研究都是咖啡与健康的正面报导。

有关咖啡生豆的一条验方，我在孩提时已经知道了，这个验方有助治疗自汗。虽然咖啡生豆不可以饮用，但却有治疗小孩子自汗的功能。使用方法是将约900克生豆分作四次，即约225克一次，用8～10升水煮约20分钟至沸腾，倒进盆内加入冷水调至温和，往小孩子身上淋约25分钟直至水凉透为止，连续四天这样做便可。有很多朋友都知道这一验方的效用，但出处则无从稽考。

我还有两个例子想跟大家分享。每次在教授咖啡班或参与咖啡试饮会时，女士们一听到这两个例子都会特别雀跃。在2000年，我应邀到香港美食博览会示范煮制咖啡，当时台上有一位曾经参选香港小姐的女士，分享说在受训期间，每天早上8时到中心报到后，所有参选佳丽都被要求喝一杯黑咖啡及两杯清水，理由是可以去掉黑眼圈以及通便，保持美好身段！她的话是否属实，虽无法查证，但我多年前将上述例子告诉公司助手，她由那天开始便每天都喝咖啡，而且是黑咖啡，在此之前她是从不喝咖啡的。结果就是7年来，她都保持着同一尺码的腰围，还在我的咖啡班亲自向学员分享这个心得！

Tan Coffee

咖啡·咏叹篇

100%猫屎咖啡生豆，
由咖啡黄引进并得到印度尼西亚驻港领事馆的领事认证，
在香港发扬光大，让这种彷如神话般的咖啡进入凡间，
让我们认识到什么是极品。

猫屎咖啡

Kopi Luwak

在2009年初的一个香港电视节目里，一位著名艺人介绍了俗称“猫屎咖啡”的麝香猫咖啡，令这神话般的咖啡一时间成为了城中热门话题。咖啡在印度尼西亚的叫法是KOPI，而猫屎咖啡一般在苏门答腊、爪哇、苏拉威西等岛屿上可以找到。在这些岛屿上，有一种细小有袋（marsupial）的动物叫“亚洲棕榈树空灵猫”（Asia Palm Civet），现在一般称为“麝香猫”，印度尼西亚人叫这种动物为Luwak。

Kopi Luwak

最珍贵的咖啡豆

据印度尼西亚人说，猫屎咖啡在很久以前，可能是五六十年前已经存在。由于咖啡豆是一种贸易商品，只有采摘而被处理过的咖啡豆才可以买卖。出口咖啡豆成为印度尼西亚政府的主要外汇收入。而那时候的所谓猫屎咖啡，只有贫穷的农民在地上捡拾后弄来喝的。但在十多年前，一位德国人在苏门答腊的芽腰山（Gayo Mountain）上发现了猫屎咖啡，经处理后饮用，认为是世界上最好的咖啡饮品。经广泛宣传后，猫屎咖啡成为当今世界上最珍贵、最罕有和最昂贵的咖啡豆。

咖啡果实是麝香猫的食物来源之一，而内藏的咖啡豆不能消化，在经过麝香猫胃部酶的作用而产生变化后，将咖啡的蛋白质分解从而产生了特别的咖啡味道，坚硬的咖啡果实最终给排泄出来，而成为猫屎咖啡豆。

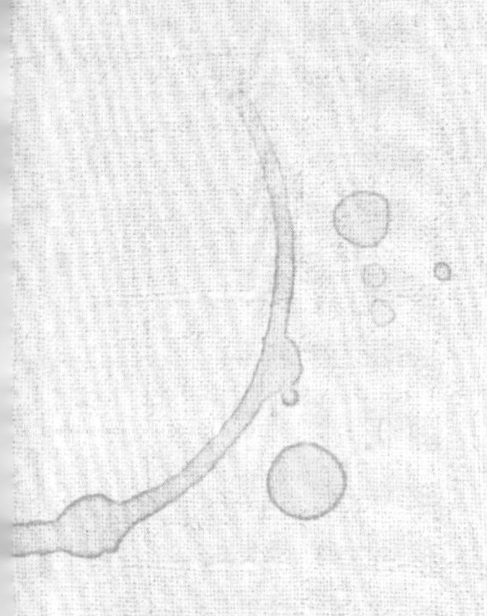

未经处理的猫屎咖啡豆

猫屎咖啡豆生豆

猫屎咖啡豆熟豆

处理猫屎咖啡一般有两种方法：一种是用工具弄碎黏在咖啡豆上的排泄物，再用水洗方式清洗和处理咖啡豆，然后按一般处理咖啡豆的程序去晒干；另一种较好的方式，是用人手把黏在咖啡豆上的排泄物除去，再用水洗方式清洗和处理咖啡豆，然后再按咖啡豆的大小编排晒干。

猫屎咖啡有多款喝法，如果要取其甘香而不要求味道太浓烈的话，可以选择用虹吸壶煮制。但如果喜欢浓烈又要求有口感，便需要将咖啡豆细磨至粉状，然后用一台优质的压力咖啡机去煮制，便可得到一个非常好的效果。此咖啡在饮后会略带有焦糖的味道。盛放过猫屎咖啡的杯子，在过了一段时间后，停留在杯子里的焦糖味会更加明显。

顺带一提，由于猫屎咖啡渐受欢迎的关系，近年我在香港、澳门和内地主持过多场咖啡讲座和咖啡品尝会，发现到一个颇有趣的问题。那就是不少朋友认为，无论是以任何方式去煮制咖啡，包括虹吸壶、过滤式、甚至压力咖啡机等，煮制过一次的咖啡粉便要弃掉，觉得很浪费。有些朋友更表示要物尽其用，将咖啡粉冲煮多次才觉得物有所值。要知道由咖啡粉与热开水接触开始，咖啡的味道便开始被抽取，直至咖啡粉全部被浸透，最后到了饮用，便是完成了整个过程。咖啡在煮制后及时饮用是最美味的，因为咖啡在煮制时与热开水直接接触，可以说95%的咖啡精华都已经被抽取。因此，如果用煮制过的咖啡粉，再去煮制一杯咖啡，那杯咖啡的味道只会是淡淡和稀薄的咖啡水，淡而无味。

苏门答腊的芽腰山（Gayo Mountain）并不只出产猫屎咖啡，还有印度尼西亚最著名的“曼特宁”咖啡。在芽腰山的野生猫屎咖啡，大多数都是曼特宁咖啡类别。两款咖啡均带有浓厚的甘味，而且口感都非常丰富，但若细心品尝，便能找到两款咖啡的区别。

Kopi Luwak and Mandheling

猫屎咖啡与“曼特宁”咖啡的比较

在我主办的咖啡品尝会上，曾把同产区的猫屎咖啡与曼特宁咖啡做过比较，并用虹吸壶及压力咖啡机煮制espresso。在比较方法上，两款咖啡豆都是使用同一个磨度，而espresso的做法更采用极细的研磨度。以下是曾参与品尝会人士的综合评语：

1. 先说曼特宁咖啡，用鼻子去闻生豆，只有青草味道，而从烘焙好的豆子看，属深度烘焙咖啡。如用虹吸壶煮制，入口有苦味、香气强烈、回甘味好、质感不是太厚，但咖啡味道重；当使用espresso方式饮用，口感浓烈而带有苦味，有如中国人所说的二十四味凉茶，但跟着口腔内转出浓烈的咖啡味道，特殊的香味充满口腔，咖啡质感厚而甘醇，而且用espresso的方式饮法，咖啡有从鼻腔冲上额头的感觉，令人精神为之一振。

2. 猫屎咖啡的生豆明显地带有动物的膻腥味。从烘焙好的豆子来看，表面上呈深褐色，理论上这款咖啡必定是一种味道浓烈的咖啡。但使用虹吸壶煮制后，入口已经有一股甘香味道，而且停留在舌头的后方，近喉咙的位置，口感既舒服又顺喉，口腔内的咖啡味道和香味久久不散。用espresso方式煮制猫屎咖啡，单是那层金黄色丰厚表面的咖啡油（crema）已经令人垂涎欲滴。在喝一小口后，咖啡的香气和强烈的甘味便会在口腔内不停滚动，而且是向耳背后移动运行至后颈部，味道一点儿也不苦，只是觉得咖啡味浓烈。有一位八十多岁的参会者在喝完此咖啡后，竟然说了一句：“喝到这种咖啡，真的不枉此生！”

喝过猫屎咖啡的朋友都知道，这款咖啡有特别的甘香味道，整个口腔内都充满了咖啡的甘香和浓郁咖啡味。但它跟其他咖啡的最大区别是入口不苦。不苦的主要原因是，麝香猫的胃酸将咖啡的蛋白质分解，令苦味消失。咖啡豆经过肠道发酵而产生变化，加上麝香猫的性器官附近腺体所分泌出来的液体及其带有独特的动物气味，因此形成了特别的咖啡味道。

猫屎咖啡在烘焙技术上也非常讲究技巧，因为在烘焙后咖啡豆氧化程度非常迅速而出现颜色上的转变。饮用猫屎咖啡切忌加奶，可先净饮，再加少许糖，便会发现其中的变化。

Enjoy Coffee

好东西何惧贵一点

热爱咖啡的朋友，对猫屎咖啡可以说是又爱又恨。因为很多喝过猫屎咖啡的朋友告诉我他们的感受，无论是在博客上留言、给我打电话或是发电子邮件，大家都说：“那味道实在太好了，以后怎么办？咖啡那么好，但又那么贵，自己弄也要港币100元一杯，每天喝一杯很快便要破产了；但偏偏过了几星期，心底里还是忍不住又要再买来喝。”

我以前的一位同事从来不喝咖啡，当他喝过猫屎咖啡后，发了一封电子邮件给我，说我竟然令一位从来不喝咖啡的人爱上了咖啡！另外，早几个月前，当我读报时，在报章副刊内读到一位以前曾参选过香港小姐及拍电影的知名专栏作家，说她的好朋友在印度尼西亚花了数千元买了一盒包装精美、内里有10多包猫屎咖啡送给她，冲泡后发现咖啡味道非常淡，并不如想象中那么好。我随后向那位专栏作家发了一封电子邮件，向她解说猫屎咖啡的基本知识，及如何可以令她的猫屎咖啡味道好一点。作为消费者应该要对产品了解多一些。

因为猫屎咖啡的关系，好朋友向我介绍了多年前的一部外语片《遗愿清单》（The Bucket List），由影帝杰克·尼科尔森（Jack Nicolson）和摩根·弗里曼（Morgan Freeman）主演，因为是旧片，我找了好一段日子才找到买来看。先说片名“The Bucket List”，在美国的俚语“kick the bucket”并不是“踢那桶子”，而是指“叫人去死”的意思，所以The Bucket List即是解作“死前的意愿或想完成心愿的名单”。

影片中讲述杰克·尼科尔森是白手起家的亿万富豪，指定要喝印度尼西亚苏门答腊特产的猫屎咖啡，认为喝这款咖啡乃是一种艺术，不然便会是牛嚼牡丹。影片中展示出了用“比利时式”虹吸咖啡壶煮制味道才会更好，而摩根·弗里曼只是一个修理汽车的技师，不过有非常好的学问，两人都不幸地患上了癌症，从而决定在死前三个月去完成一件最想做的心愿。影片中对猫屎咖啡味道有颇多篇幅的介绍，并且说出印度尼西亚苏门答腊的野生猫屎咖啡才是最正宗的。在香港多场的猫屎咖啡品尝会，有很多朋友都是受了这部电影的影响而来，他们认为人生在世，有些好东西，只要可以负担得起，都要尝试一下。我相信，今天猫屎咖啡的流行，和这部电影有一些关系。我们国家有句话说：“人一世、物一世”，热爱咖啡的朋友，放开心理障碍，试一试吧！

在此顺带一提，因为猫屎咖啡大有市场的关系，“猫屎”分野生（wild）和饲养（cage-fed）两种，野生的麝香猫自会凭它独特的嗅觉去找寻最美味的美食，而饲养的只要将它饿上一两天，便可以用不论好坏的咖啡果子和食物喂饲，加上饲养的麝香猫不能够出外捕食其他昆虫，所以它的腺体所分泌出来的液体也缺少了应有的香味。

我曾经在2011年香港美食博览会的尊贵美食区内举办“猫屎咖啡盲品会（Kopi Luwak Blind Tasting Event）”，其中一场是将野生和饲养的麝香猫所产的猫屎咖啡分别煮制给参加者品尝，差不多所有的参加者都说后者缺少了那种甘、香、浓的味道和感觉，而且没有前者饮后齿颊留香的余韵。各位精明的消费者，在市场上也有见到猫屎咖啡以“咖啡粒装饼（coffee pods）”，甚至制成速溶咖啡发售，只是想说一句，那么昂贵和产量少的咖啡，会用机械化的方式生产吗？

在美食博览会中，咖啡黄介绍怎样品尝猫屎咖啡

后记

享受咖啡 享受人生

在早上喝咖啡，大多数朋友都希望可以提神。那一杯浓烈的咖啡必然是首选，就像意大利人和法国人，不论男女，早上喝的必然是espresso，而不会喝其他类型的咖啡，这样便能更加精神百倍地工作。我有一位朋友，在多年前的一个早上突然来电，他说喝了我送给他的咖啡，令他昏昏欲睡，那天早上他却要向一大客户做广告计划的演说。当我问清楚他喝了什么咖啡后，才知道原来他将早晚的咖啡掉转了来喝，结果他连续喝了两杯espresso，精神才恢复过来，后来他致电给我说那场演说顺利完成了。其实，在早上只要不喝高果酸性的咖啡便可以了。

午饭后，很多时都会听到人说："饭气攻心，最好睡一睡。"但我相信，在午餐后喝一杯咖啡，除了可以去除油脂和帮助消化外，还有助提升工作效率。我提议午餐后可以喝一些比较中性的咖啡，例如危地马拉、哥伦比亚或哥斯达黎加等地产的咖啡，这样会令你的胃部有一种很舒缓的感觉。上述的几款咖啡都有促进胃液分泌的作用，并帮助消化。

在中国人的社会里，很少人会在晚上喝咖啡，可能是生活上的习惯，又或者是对咖啡有所误解之故。其实只要清楚了解在什么时段喝什么咖啡，那么在晚上喝咖啡也不会是一个问题，甚至可能是享受呢！

晚餐后，可以说是整天最轻松的时间，看看电视或是阅读书报杂志，与家人闲话家常，享受开心和快乐的时光，喝一杯美味咖啡必定会增加情趣。我认为，如果在这段时间可以享受到一杯甘香味美的沃伦芬一级牙买加蓝山咖啡，将会相得益彰。上文也曾说过，这款蓝山咖啡的味道，果酸性非常高，并且被称为松弛咖啡（relaxing coffee）。我曾经多次在咖啡课堂上，最后都会与学员一同分享蓝山咖啡，目的是要解除他们先前所饮用的浓烈咖啡。有一位从深圳来的学员，在回家的地铁上睡着了，坐过了很多站，她说都是拜那杯蓝山咖啡所赐！此外，我还有一位年过八十的好朋友，在十多年前与我共享咖啡后，现在仍然是每天晚餐后的半小时喝上一杯蓝山咖啡，不但不会失眠，反而睡得很好。至于有一些朋友喜欢在咖啡里配上酒精类饮品，也是另有风味，我相信少量的酒精也可以有助入睡。

很多时候，医生会告诉要去运动或去爬山的朋友切忌喝咖啡，因为咖啡是高度脱水饮品，有很强的利尿作用。所以运动前正确喝咖啡的方法是，喝一杯咖啡后随即喝两杯清水。不过，曾经有一位香港自行车高手告诉我，他每次出赛前都会喝咖啡，因为他觉得咖啡会给他力量，如果他在欧洲出赛，更会喝上3杯espresso呢！曾经在内地遇上高尔夫球手张连伟先生，他也是一位咖啡爱好者，同样地在比赛前也要先喝咖啡再比赛。

我在这里希望喜欢咖啡的朋友们，在想喝咖啡的时候，不要受到一些框框的束缚，应该放开心情去享受。最后，在这里我希望大家与我一起好好地享受咖啡，享受人生。Let’s enjoy coffee，enjoy life！

图书在版编目（CIP）数据

享受咖啡 / 黄浩辉著. —北京：中国轻工业出版社，2015.5

ISBN 978-7-5184-0444-5

Ⅰ. ①享… Ⅱ. ①黄… Ⅲ. ①咖啡 - 基本知识 Ⅳ. ①TS273

中国版本图书馆CIP数据核字（2015）第051777号

责任编辑：翟　燕　杨超伟　　责任终审：劳国强
整体设计：锋尚设计　　责任监印：马金路

出版发行：中国轻工业出版社（北京东长安街6号，邮编：100740）
印　　刷：北京博海升彩色印刷有限公司
经　　销：各地新华书店
版　　次：2015年5月第1版第1次印刷
开　　本：720×1000　1/16　　印张：9.5
字　　数：240千字
书　　号：ISBN 978-7-5184-0444-5　　定价：39.80元
著作权合同登记　图字：01-2014-8042
邮购电话：010-65241695　传真：65128352
发行电话：010-85119835　85119793　传真：85113293
网　　址：http：//www.chlip.com.cn
Email：club@chlip.com.cn
如发现图书残缺请直接与我社邮购联系调换
141315S1X101ZYW